U0151808

# 低盐少糖
# 健康料理

萨巴蒂娜◎主编

中国轻工业出版社

# 少一点咸甜，多一点健康

我从小就知道，人一定要少吃盐，因为我妈妈有高血压，所以饮食一律禁多盐。这种习惯培养到现在，对我而言一点都不难，所以还真的要感谢妈妈的教育。

少盐不仅包含少放盐本身，味精、鸡精、多种多样的咸菜和酱菜、五花八门的酱油、豉油，都要尽可能少放。以至于我现在基本不能接受吃外卖，在家里烹饪有时候就只放点生抽，尽可能品尝食物本身的味道，少一些人工添加的味道。

比如荷包蛋，我喜欢做一个单面煎蛋，然后上面撒几粒细细的盐，吃的时候能品尝到一个单面煎蛋丰富的口感，烹饪过程更多的是蛋和油的温度游戏，盐只起了一个画龙点睛的作用，一点都不需要多。

少糖更是必要的。有不少孩子喜欢每天喝几瓶碳酸饮料，也有不少女孩子喜欢喝甜美的奶茶。喝得越多，对游离糖、人工糖的渴望就越多，等人到中年，肥胖、糖尿病等问题就会接踵而来。目前中国已经是糖尿病的重灾区了，应该值得我们警惕。

少糖，不只是少摄取额外的添加糖，也要尽量避免精致主食，而应多摄取五谷杂粮。品尝食物本身的甜美更是应该被提倡的。

比如我喜欢用三分之一的黑豆面和三分之二的玉米面蒸一锅窝头。这样的窝头越嚼越香，越嚼越能品尝到食材本身的甜，这种甜的丰富度是任何蔗糖都不能替代的。

少一点盐和糖，让你的舌头尽可能体会食物的本味，更是为你的健康考虑。

*高欣茹*

萨巴蒂娜
个人公众订阅号

萨巴小传：本名高欣茹。萨巴蒂娜是当时出道写美食书时用的笔名。曾主编过五十多本畅销美食图书，出版过小说《厨子的故事》，美食散文集《美味关系》。现任"萨巴厨房"主编。

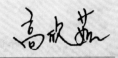
敬请关注萨巴新浪微博 www.weibo.com/sabadina

# 目 录
## CONTENTS

容量对照表

| | |
|---|---|
| 1 茶匙固体调料 = 5 克 | 1 茶匙液体调料 = 5 毫升 |
| 1/2 茶匙固体调料 = 2.5 克 | 1/2 茶匙液体调料 = 2.5 毫升 |
| 1 汤匙固体调料 = 15 克 | 1 汤匙液体调料 = 15 毫升 |

第一章
## 轻盈早餐

迷你开放吐司
018

紫甘蓝鲜虾杂粮煎饼卷
020

煎扇贝沙拉配欧包
022

羽衣甘蓝古斯古斯米
024

银鱼梅子紫苏菜花米
026

金枪鱼菠菜卷
028

溏心蛋芦笋蚕豆泥
030

滑蛋紫薯配混合沙拉
032

烤豆腐莲藕鲜虾沙拉
034

红薯鹰嘴豆主食沙拉
036

菌菇烘蛋
038

西式番茄焗蛋
040

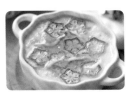

第二章
轻养正餐

凉拌墨鱼
074

鱼子冷豆腐
076

凉拌小素鸡
077

虫草花拌莴笋丝
078

开胃木耳
080

香菜拌萝卜丝
081

豆瓣酥
082

蒜蓉凉拌绿苋菜
084

烤豆腐
085

小笼蒸时蔬
086

蒜子荠菜
088

椒油儿菜
090

韭菜炒豆芽
092

手撕茄子
094

芋仔煨大白菜
096

腐竹烩菠菜
098

黄豆芽烧油豆腐
100

葱油莴笋干
102

火腿豌豆米
104

虾皮西葫芦
106

焦香孢子甘蓝
108

肉汁萝卜
110

虾干茭白丝
112

葱烧樱花虾佛手瓜
114

金针菇炒蛋
116

圆白菜肉卷
118

鸡汁百叶包
120

肉糜丝瓜
122

虾仁鸡头米
124

渔家水煮虾
126

金银蒜蒸开背虾
128

荸荠鲜虾饼
130

烤扇贝
132

纸包龙利鱼
134

嫩滑三文鱼
136

清蒸带鱼
138

白葡萄酒蒸贻贝
140

葱姜焗蟹
142

茄汁香煎鳕鱼
143

豆豉烧小黄鱼
144

罗勒牛柳粒圆白菜
146

番茄牛尾
148

春笋气锅鸡
150

番茄玉米丸子汤
152

炖蔬菜汤
154

枸杞叶猪肝汤
156

# 初步了解全书

热量等级标识，让你对摄入的热量心中有数

看着名字就流口水

需要用到的食材一目了然，要打有准备的仗

低盐少糖健康攻略，教你巧妙控盐、控糖

品尝菜肴也是有情怀的

时间、难易度清楚明了

详尽直观的操作步骤让你简单上手

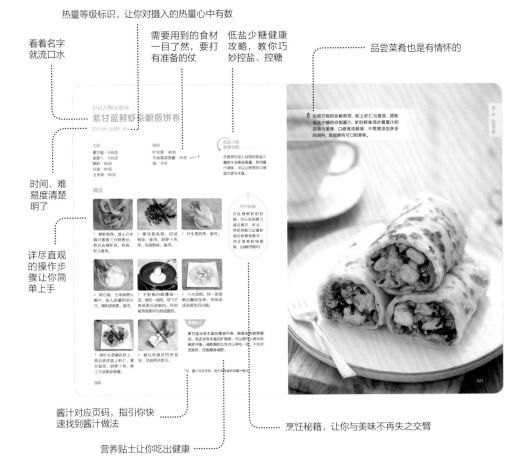

酱汁对应页码，指引你快速找到酱汁做法

营养贴士让你吃出健康

烹饪秘籍，让你与美味不再失之交臂

为了确保菜谱的可操作性，
本书的每一道菜都经过我们试做、试吃，并且是现场烹饪后直接拍摄的。
本书每道食谱都有步骤图、烹饪秘籍、烹饪难度和烹饪时间的指引，确保你照着图书一步步操作便可以做出好吃的菜肴。但是具体用量和火候的把握也需要你经验的累积。

书中部分菜品图片含有装饰物，不作为必要食材元素出现在菜谱文字中，读者可根据自己的喜好增减。

# 低盐少糖攻略

## 认识盐

一道菜好吃与否，和盐有很大关系。盐能令食物在入口的瞬间产生味觉刺激，使食材产生丰富的口感。没有盐的食物会索然无味，但如果一味追求盐带来的美妙滋味，也会对我们的健康产生危害。盐该吃多少，怎样吃才健康，是我们需要了解的健康知识。

### 人一天需要吃多少盐

在日常烹饪时加入盐，只是起到一个调味、增加食欲的效果。从健康的角度出发，每天摄入盐的量不宜超过6克。除了调味用盐，我们每天还会食用其他含盐的食物，比如酱油、咸菜、薯片等，所以在烹饪的时候，只需加入一两克盐就能满足我们日常所需。

### 如何减少盐的摄入量

养成清淡饮食的好习惯，多用新鲜食材做饭，少吃深加工食品；在烹饪中养成用控盐勺的好习惯，改掉凭感觉用盐的坏习惯；控制多种调味品的使用，避免酱油、鸡精、味精等调味品同时使用；多用香菇等鲜味的食材增加味道，减少盐的摄入量；避免糖与盐共同使用，因为甜味与咸味会相互抵消，无形中会增加盐的摄入量。

### 学会发现生活中高盐的食物，尽量减少摄入

生活中，除了日常调味的食盐以外，还有许多含盐量非常高的食物，比如方便面、香肠、酱油、豆腐乳等，还有腌制品、速食、快餐、零食中都含有盐。这就需要大家在购买食物的时候，养成看营养成分表与配料表的好习惯，在配料表中钠含量较高的食物与酱料，尽量不要购买食用。

## 认识糖

对于喜欢甜味的人来说，糖能给味蕾带来享受。并且大脑也会根据你喜爱的口味，有意识地刺激你的味觉，让你保持对甜味的感知能力。但是反复接受甜味的刺激，味蕾也会变得麻木，就需要更多更浓的糖来提供甜味。糖量一旦失控，就会影响我们的健康。如何能健康食糖，并享受它带来的美味，是我们需要了解的健康知识。

### 我们该吃多少糖

含糖的食物非常多，我们需要特别注意的是添加糖，添加糖非常常见，比如白糖、果酱、含糖的饮料、冰激凌、点心等。糖的摄入量每日应控制在25克以内。

### 如何减少糖的摄入

我们平时摄入的糖，一部分是来自饭菜中的糖，还有一部分是各种加工食物中的糖。多食用新鲜的水果、干果等天然食材，代替含糖量高的加工零食；在烹饪中养成用控糖勺的好习惯，减少那些含糖量高的酱汁调料；烹饪时多利用食材的本味调味，这些都是减糖的好方法。

### 学会看加工食物糖分含量，科学摄入糖分

生活中除了水果这些甜的天然食物，那些不易发觉的"隐形糖"更容易摄入超标，比如面包、蛋糕、膨化食品等。要养成看配料表和营养成分表的好习惯，可以减少糖分的摄入。那些含糖、比如果糖、葡萄糖、碳水化合物较高的食物，要尽量避免食用。

# 躲开高盐高糖食物

## 番茄沙司

番茄沙司虽然好吃，却是"隐藏"很深的高糖高盐食品。因为番茄沙司在制作的过程中放入了很多的盐和糖用来调味保鲜，经常过量食用不利于人体健康。

解决方案

1 少用番茄沙司作为蘸料。如果将番茄沙司作为调料用于炒菜或是汤中，与其他食材一起食用，那就不要再加入含盐含糖的调料了。

2 控制番茄沙司的使用量，番茄沙司一天的用量不宜超过50克。

## 香肠

香肠给人的感觉虽然咸淡适中，但却属于高盐食品，因香肠在制作的过程中加入了大量的盐来作为肉制品的护色剂。

解决方案

1 香肠在作为主菜烹饪时，可以先将香肠切成想要的形状，然后在开水中浸泡5~10分钟，这样可以冲淡香肠的咸味。

2 香肠在作为配菜食用时，可以放入汤中炖煮食用，这样可以中和香肠的咸味，代替盐为汤汁增味。

## 浓汤宝

浓汤宝是名副其实的"藏"盐大户，作为浓缩型的复合调味料，含盐量非常高。

解决方案

1 用浓汤宝做汤时，建议多放水，多放食材，多吃菜，少喝汤，因为大量的钠盐都溶解在汤水中。

2 减少浓汤宝的食用次数，多选用新鲜的食材煲汤，在使用浓汤宝时不再加入其他的调味剂。

## 豆瓣酱

豆瓣酱也是容易被大家忽略的"隐形盐杀手"。豆瓣酱在酿制的过程中，为了抑制杂菌生长，防止酱品变质，加入了很多的盐。

解决方案

1 减少豆瓣酱的摄入量，将其多用在汤菜、蒸菜当中，让水分稀释豆瓣酱的盐分。

2 在使用豆瓣酱的时候，不再放入其他的含盐调味品。

## 豆腐乳

别看豆腐乳小小一块，却是典型的高盐食物。腐乳赋予了菜肴独特的风味，让料理的变化更丰富。但是豆腐乳含盐比较高，20克豆腐乳中所含的盐量已达到1.5~1.6克。

解决方案

1 如要将豆腐乳代替盐、酱油等调料为菜肴增味调鲜，就不要再加入其他的咸味调料。

2 将少量豆腐乳加醋、加水，调和成豆腐乳汁，淋在食材的表面。

3 改变豆腐乳的食用方法，避免直接食用，多搭配其他食材烹饪后一起食用。

# 善用食材的本味

鲜活肥美
## 海鲜

"鲜"是一种难以言喻又令人回味无穷的味道，海鲜的味道就是如此。海鲜的种类非常多，日常食用的有扇贝、虾、三文鱼、章鱼、龙利鱼、贻贝、带鱼、鳕鱼等。它们的味道都极为鲜美，是天然提鲜的调味品，可以辅助菜肴增鲜提味。海鲜本身就以咸鲜为主，烹饪中巧妙利用海鲜的味道，可以减少盐的摄入量。

清香甜蜜
## 蜂蜜

蜂蜜的味道非常甜润，口感软绵细腻，非常容易被人体消化和吸收，其富含天然的芳香物质，是非常好的食糖替代品。在挑选蜂蜜的时候，注意选择天然的蜂蜜，天然蜂蜜不含蔗糖，无添加剂，能更好地被人体吸收。

奶香十足，入口甘甜
## 牛奶

牛奶的味道甘甜可口，是最佳的天然饮品。牛奶在烹饪中也能大显身手，面食中加入牛奶可以使面团膨大、香气浓郁；炖鱼时加入牛奶可以去除鱼腥，使肉质更加鲜嫩；甜汤、甜粥中加入牛奶，可以使粥汤更加浓郁鲜甜。

绵软甜腻
## 红枣

红枣的味道绵软甜腻，既能当作零食，也能加入到甜汤、甜粥、点心、糕点等甜品中。红枣是天然的甜蜜剂，可以代替食糖增甜提味。

浓浓的奶香，咸香醇厚
## 奶酪

天然奶酪咸香醇厚，用来调味或是直接食用，都是非常不错的选择。早餐时光享受一顿奶酪焗饭或是奶酪三明治，浓郁的奶香弥漫在口腔里，咸香柔滑，非常美味。这是一味神奇的辅料，在烹饪中加入奶酪，可以让你做出的饭菜品质和口感升级。

酸酸甜甜
## 柠檬

柠檬清香酸甜，是非常好的天然调味品，其酸度和香气可以消解食物带来的油腻。把柠檬用在菜肴、甜品、点心当中，可以让食物清新酸甜、口感层次分明。

辛辣芳香
## 蒜、姜、葱

蒜辛辣有刺激性，是日常生活中必不可少的调味食材，能代替盐为任何食物添加别样的风味。在海鲜里加入大蒜，不仅可以为海鲜增味，还能去除海鲜的腥味，让海鲜的口味升级。姜有一种特殊的香气，能使菜肴增香提鲜，把姜放入鱼、肉等食材中，不仅能去除肉的腥味，还能使菜变得更加醇香。葱是烹饪中很重要的调味料，在炒菜时用葱花炝锅，会产生极其浓郁的葱香味，可以为饭菜增加一些滋味，或是在料理和鱼相关的佳肴时加入葱段，可以去除腥味。

刺激味蕾
### 辣椒

辣椒辛辣刺激，入口能瞬间刺激味蕾，对于喜爱辣的人来说，他们无辣不欢，对辣上瘾。在沙拉酱汁中加入辣椒，可以使酱汁的口感变得更有层次感。

清香鲜美
### 菌菇

菌菇类食材都非常鲜美。不同种类的菌菇食用方法有所不同。日常我们食用比较多的有香菇、平菇、杏鲍菇、金针菇。它们的食用方法虽然不同，但都是用来增鲜提味的好帮手。

椒麻辛香
### 花椒

花椒的味道麻麻的，炒菜时，在锅内热油中放几粒花椒，煸至出香后捞出，香气扑鼻。腌制萝卜丝时放入花椒，味道绝佳。

咸鲜味美
### 海米

海米通常作为配料出现，因为十分鲜美，能给饭菜增味提鲜。将海米泡发，加入汤中，煮好之后泡上一碗白米饭，鲜香可口。

辛香提鲜
### 韭菜

韭菜味道辛香鲜美，在韭菜里加点虾皮用来提鲜，味道极好。或是在肉馅中加入一点韭菜，就能好吃到让你停不下来。

爽口浓郁
### 番茄

菜肴中加入番茄，能增加颜值且口感酸甜。番茄既是家常小炒素菜类的好搭档，也是肉菜中必不可少的辅料。炖牛肉时加入番茄，可以使牛肉鲜嫩入味，汤汁酸甜爽口。

脆脆甜甜
### 胡萝卜

胡萝卜口感脆甜，风味独特。既能生食、榨汁，也能作为辅料加入甜品或炒菜、炖菜中。炖排骨汤时加入胡萝卜，可以令汤汁别具一格。

香甜软糯
### 紫薯

紫薯味美，颜值高，口感香、糯、甜。可利用紫薯做甜品，也可将紫薯蒸熟做成薯泥，搭配酸奶，可令酸奶的口感更香甜丰富。

浓香甜糯
### 南瓜

南瓜有种香甜的瓜果味道，可以蒸煮，也可以炒制，烹饪方法非常多。炖粥时加入南瓜，可令粥软腻香甜，非常好喝。

# 自制低盐少糖酱汁

**主料**

牛油果 200克
洋葱 110克

**辅料**

橄榄油 1汤匙
盐 2克
柠檬 半个
大蒜 1瓣（5~8克）
现磨黑胡椒粉 少许
蜂蜜 少许

1 牛油果洗净，对半切开，去皮、去核，切成小块，放入料理机内。

2 洋葱洗净，切成小块，放入料理机内；大蒜去皮，放入料理机内。

3 柠檬洗净、切半，取半个柠檬，挤汁到料理机内。

4 然后再加入少许橄榄油、盐、黑胡椒粉、蜂蜜搅打均匀，倒入碗中即可。

**特色**

牛油果口感醇厚，大蒜辛香浓郁，柠檬酸爽可口，它们的搭配口感清新、果味浓郁，适用广泛，可与卷饼、海鲜、蔬菜进行搭配。

## 青柠鱼露汁

**主料**

鱼露 2汤匙
青柠檬 半个

**辅料**

橄榄油 1汤匙
小米椒 2个
现磨黑胡椒粉 少许
蜂蜜 少许

1 青柠檬洗净，对半切开，取半个柠檬，挤汁到碗中。

2 小米椒洗净，切成碎末，倒入碗中。

3 接着依次放入橄榄油、鱼露、蜂蜜、黑胡椒粉，搅拌均匀即可。

**特色**

鱼露的味道独特，以鲜味和咸味为主，所以在制酱汁的过程中不需要再加入盐。将鱼露与青柠搭配，就像是浓浓的海鲜味加上清新奔放的水果香，酸甜鲜香、爽口醒味，非常适合与各种海鲜、沙拉搭配在一起食用。

## 油醋汁

1 洋葱洗净、切碎，用料理棒搅打成泥，待用。

2 取一个空罐子，倒入橄榄油、红酒醋，摇晃至水油结合。

3 将搅打好的洋葱倒入罐子中，依次放入蜂蜜、盐、黑胡椒粉、百里香碎，摇晃均匀即可。

**主料**

橄榄油 25毫升
红酒醋 4汤匙
洋葱 50克

**辅料**

盐 2克
黑胡椒粉 少许
蜂蜜 少许
百里香碎 少许

**特色**

油醋汁适用范围非常广泛，能凉拌，能当蘸料，也可以当时蔬调味汁。在制作油醋汁时要注意，油和醋要充分摇晃均匀。其制作还可以多样化，比如将醋替换成柠檬汁，或是橙醋、柑橘类的果汁等。

## 橄榄油蔓越莓汁

1 橙子洗净，去皮、去核，放入料理机中，榨汁备用。

2 蔓越莓干洗净，放入料理机内搅碎，盛出备用。

3 取空碗，将准备好的蔓越莓、橙汁倒入碗中。

4 然后依次倒入橄榄油、红酒醋、盐、胡椒粉，搅拌均匀即可。

**主料**

蔓越莓干 40克
橙子 200克

**辅料**

红酒醋 1汤匙
盐 2克
胡椒粉 少许
橄榄油 1汤匙

**特色**

自制的橄榄油蔓越莓汁酸甜可口，层次丰富，它有着清新的果香味，适合搭配海鲜或是肉类的沙拉一起食用。

**主料**

柠檬 1个
百香果 20克
洋葱 20克

**辅料**

青尖椒 3个
小米椒 2个
大蒜 1瓣
蚝油 2汤匙
蜂蜜 少许

1 青尖椒、小米椒洗净，切碎备用。

2 洋葱洗净，切碎备用；大蒜洗净，切碎备用。

3 将以上处理好食材倒入调料碗中，倒入蚝油与少许凉白开，搅拌均匀。

4 柠檬洗净，对半切开，用榨汁器取汁到调料碗中。

5 将挤汁后剩余的柠檬果肉取出，切碎，倒入调料碗中。

6 百香果洗净，对半切开，用勺取果肉，倒入调料碗中。

**特色**

有水果的酸甜、尖椒的辛辣、蚝油的鲜香，无论是搭配肉类还是蔬果都相得益彰。蚝油是用牡蛎熬制而成的调味料，味道咸鲜可口，在制酱的过程中无须再加入盐。

7 最后加入少许的蜂蜜，搅拌均匀即可。

**主料**

原味芝麻酱 50克
白芝麻 25克
柠檬 1个

**辅料**

香油 3汤匙
蜂蜜 1汤匙
盐 2克

1 提前将芝麻洗净、晾干，然后放入平底锅内煎香，备用。

2 柠檬洗净，对半切开，挤汁到碗中，备用。

3 将芝麻酱、香油、盐、蜂蜜、柠檬汁依次倒入料理机内搅打均匀。

**特色**

芝麻酱有着浓郁的芝麻香味，咸香之余略带甜味，制作时将芝麻煎香，能让芝麻的香气更好散发，再搭配香油一起调和，口感非常诱人，回味无穷。

4 将搅打好的酱汁倒入碗中，与煎香的芝麻搅拌均匀即可。

第一章

# 轻盈早餐

百变吐司料理
# 迷你开放吐司

⧖10分钟 | ◎简单 | ◎低

**主料**
全麦吐司片…85克
酸奶…150毫升
樱桃番茄…180克

**辅料**
牛油果…80克

低盐少糖
健康攻略⋯⋯⋯⋯⋯⋯

酸奶搭配牛油果代替果酱，
既香甜可口，又降低了糖的
摄取。

## 做法

1　将吐司片对半切开，
备用。

2　樱桃番茄洗净，切成
小丁，备用。

3　牛油果对半切开，去
皮、去核，切成小块，
放入料理机中。

烹饪秘籍
最好选择无糖的全
麦吐司，全麦吐司
比普通的吐司膳食
纤维更多，饱腹感
更强。

4　将酸奶倒入料理机
中，与牛油果一起搅打
均匀，然后倒入碗中。

5　把搅打好的牛油果酸
奶在面包片上厚厚地涂
抹一层。最后将樱桃番
茄铺在上面即可。

营养贴士

　　樱桃番茄含有丰富的维生素PP，其含量是果蔬之首，经常食用有保护皮肤的
功效；酸奶含有大量活性乳酸菌，能够促进胃肠蠕动，从而缓解便秘。

不需要开火，10分钟就能吃到的快手早餐，既简单又洋气，这就是开放吐司。薄薄的一片吐司搭配上美味的果蔬与酸奶，还有牛油果特有的香醇，酸甜可口，制作简单，营养丰富，是明智的早餐选择。

包容万物杂粮卷

# 紫甘蓝鲜虾杂粮煎饼卷

⏳20分钟 | 👍简单 | 🔥中

**主料**

紫甘蓝…100克
胡萝卜…100克
鲜虾…80克
白面…80克
玉米面…80克

**辅料**

叶生菜…40克
牛油果蒜香酱…30克  p.014 *
油…少许

低盐少糖
健康攻略

在卷饼中加入自制的低盐少糖的牛油果蒜香酱，利用酱汁调味，可以让煎饼的口感层次更为丰富。

## 做法

1 鲜虾洗净，放入开水锅中煮两三分钟捞出，然后去掉虾皮、虾线、虾头备用。

2 紫甘蓝洗净，切成细丝，备用；胡萝卜洗净，切成细丝，备用。

3 叶生菜洗净，备用。

**烹饪秘籍**

在处理鲜虾的时候，可以先用剪刀减去尾巴、虾头，然后用剪刀沿着虾背的背脊线剪开，用牙签将虾线剔除，去掉虾壳即可。

4 将白面、玉米面倒入碗中，加入适量的凉白开，调和成面浆，备用。

5 不粘锅内刷薄油一层，烧至一成热，用勺子将面浆舀进锅内，用刮板将面浆均匀刮成圆形。

6 小火加热，待一面烙熟后翻面加热，待两面成金黄色后出锅。

7 将叶生菜铺在饼上，然后依次放上虾仁、紫甘蓝丝、胡萝卜丝，淋上牛油果蒜香酱。

8 最后将铺好的饼卷好，切成两半即可。

**营养贴士**

紫甘蓝含有丰富的膳食纤维，能够加快肠胃蠕动，其还含有丰富的矿物质，可以调节人体内电解质平衡。减肥期的女性可以多吃一些，不仅对皮肤好，还能瘦身减肥。

*注：酱汁对应页码，指引你快速找到酱汁做法。

包容万物的杂粮煎饼，配上虾仁与蔬菜，搭配低盐少糖的自制酱汁，虾的鲜味混合着酱汁的蒜香与果香，口感香浓醇厚，不需要添加多余的调料，就能拥有可口的美味。

欧包的高格调吃法

# 煎扇贝沙拉配欧包

⏳20分钟 | 🍳简单 | 🔥低

## 主料
扇贝柱⋯150克
甜橙⋯1个
芦笋⋯70克

## 辅料
苦菊⋯40克
樱桃番茄⋯30克
欧包⋯1片
油浸干番茄⋯2茶匙

黑胡椒粉⋯适量
橄榄油⋯适量
青柠鱼露汁⋯30毫升 p.014

低盐少糖
健康攻略⋯⋯⋯⋯⋯⋯⋯

做沙拉菜和凉拌菜时，多用自制低盐少糖的酱汁调味，少食用市面上出售的加工调料，这样可以减少盐、糖的摄入。

## 做法

1 取1片欧包切成两半，然后放上油浸干番茄作为主食。

2 将扇贝柱解冻，用纸巾吸干水分，然后加入适量的橄榄油与黑胡椒粉，用手按摩涂抹均匀。

3 不粘锅大火烧热，将扇贝柱下锅，然后转小火煎至两面焦黄，盛出备用。

烹饪秘籍

欧包在食用时可以先在微波炉中加热一两分钟，这样口感香脆，非常好吃。

4 苦菊洗净备用；甜橙去皮，切成片状备用；樱桃番茄洗净，切成两半备用。

5 芦笋洗净，去除老根，斜切成段，放入沸水中汆烫至变色，捞出，沥干水备用。

6 将步骤2至5中处理好的全部食材，放入沙拉盘中摆盘，淋上青柠鱼露汁即可。

营养贴士

扇贝柱含有较多的蛋白质和矿物质，有很好的滋补效果，能起到强身健体的作用，非常适合身体虚弱的人群；芦笋是一种天然保健食材，它含有天门冬酰胺，能提高新陈代谢，消除疲劳，增强体力。

从早起的碎片时间中挤出20分钟，就能轻松完成。煎至金黄的扇贝搭配果蔬组成的沙拉，加入低盐少糖的自制酱汁，调味极简，但爽口清香、鲜味十足，主食配上欧包一起食用，比米其林的早餐还要精致。

# 羽衣甘蓝古斯古斯米

⏱2小时 | 简单 | 🔥中

## 主料

鲜蘑菇···150克
大白菜···350克
洋葱···200克
西芹···180克
胡萝卜···110克

## 辅料

羽衣甘蓝···50克
古斯古斯米···50克
香叶···2片
现磨黑胡椒粉···少许

百里香碎···少许
橄榄油···1汤匙
盐···2克

**低盐少糖**
**健康攻略**

提升香料的比例，让香料来提升口感，少放盐的同时，利用香叶、黑胡椒粉、百里香这些辛香料调味。它们会给菜品带来辛香的味道，从而减少盐的用量。

## 做法

1 鲜蘑菇洗净，切成薄片备用；大白菜洗净，切段备用。

2 洋葱洗净，切碎备用；西芹洗净，切碎备用；胡萝卜洗净，切碎备用。

3 汤锅加热，倒入少许橄榄油，先放入蘑菇片、洋葱，煸炒至洋葱变透明。

**烹饪秘籍**

1 用蔬菜高汤代替白开水焖煮古斯古斯米，可以使古斯古斯米更鲜美浓郁，又不会抢了主料的风头。

2 用不完的蔬菜高汤可以倒入冰格内，放入冰箱冷冻起来，烹饪时放入菜肴或是汤羹中用来提鲜增味，非常方便。

4 放入胡萝卜、西芹，煸炒至胡萝卜变色，加入大白菜，倒入3500毫升凉白开，放入香叶、百香里、盐、黑胡椒粉，大火煮沸，转小火炖煮1.5小时后关火。

5 用漏勺从煮好的汤中将全部食材捞出，将蔬菜高汤盛出备用。

6 将古斯古斯米与准备好的蔬菜高汤按照1：1的比例焖煮5~10分钟，盛出备用。

7 羽衣甘蓝洗净，去除老叶，放入热水锅中余烫40秒，捞出。

8 将羽衣甘蓝切成细丝，与焖煮好的古斯古斯米搅拌均匀即可。

**营养贴士**

羽衣甘蓝含钙量很高，经常食用可以强健骨骼，预防骨质疏松；古斯古斯米又叫蒸粗麦粉，是粗粮的一种，富含不溶性膳食纤维，可以促进消化。

用鲜菇与蔬菜熬制好的高汤焖煮古斯古斯米，健康美味、鲜香浓郁、柔软细腻，只需加入少许盐定味，就能让你食指大动。

菜花也能当饭吃

# 银鱼梅子紫苏菜花米

⏳10分钟 | 👨‍🍳简单 | 🔥低

**主料**

银鱼干…100克
去核话梅干…80克
菜花…200克

**辅料**

小葱…50克
紫苏…15克
橄榄油…少许

## 做法

1 将银鱼干洗净，用清水浸泡30分钟，捞出，沥干水备用。

2 话梅干洗净，切成碎末备用；紫苏洗净，切成两半备用。

3 小葱洗净，切成葱末，将葱白与葱绿分开，备用；菜花洗净，切成碎末备用。

4 不粘锅内加入少许橄榄油，大火烧热，放入葱白和银鱼煸炒出香味。

5 然后加入处理好的话梅、菜花碎，翻炒至菜花变软，加入紫苏炒熟关火。

6 将制作完成的银鱼梅子紫苏菜花米装盘，撒上剩余的葱绿点缀即可。

**烹饪秘籍**

1 紫苏与海鲜类食品可以提鲜增味。新鲜的紫苏叶不适合长时间在高温下烹饪，否则会破坏它的营养和口感。如果购买不到新鲜的紫苏叶，也可以买干的紫苏叶代替。
2 话梅的口味偏重，在食用时可以多清洗几遍，这样可以冲淡咸味。

**营养贴士**

银鱼含有丰富的氨基酸，氨基酸能够为机体和大脑提供能量，可增强记忆力，非常适合平时用脑过度的人士。

可以代替米饭的菜花米来啦，制作简单，鲜香可口。鲜味十足的小银鱼搭配梅子与紫苏，全都是挑逗味蕾的食材。赶快来享受这份营养满分的早餐吧。

# 金枪鱼菠菜卷

⏳35分钟 | 🍱简单 | 🔥高

**主料**
油浸金枪鱼…60克
铁棍山药…100克
面粉…200克

**辅料**
叶生菜…40克
红黄甜椒…20克
菠菜…25克
甜面酱…少许
油…少许

**低盐少糖
健康攻略**

用甜面酱代替盐、糖为菠菜卷调味。制作方法上可以不加盐、糖，不加调料，但要注意甜面酱用量不宜过多。

## 做法

1 菠菜洗净，放入开水中氽烫一两分钟，捞出，过一遍凉水，沥干水分。

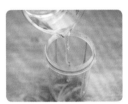

2 将处理好的菠菜放入榨汁机中，倒入没过菠菜的凉白开，搅打成汁。

3 把面粉倒入碗中，加入菠菜汁和少许凉白开，搅拌成面浆。

**烹饪秘籍**

菠菜在食用前用开水氽烫一两分钟，可以去除菠菜中的草酸。

4 不粘锅内刷薄油一层，烧至一成热，用勺子将面浆舀进锅内，用刮板将面浆均匀刮成圆形。

5 小火加热，将面饼一面烙熟后，翻面加热，待两面都烙熟后出锅，放入盘中，在饼面刷一层甜面酱。

6 叶生菜洗净，铺在菠菜饼上；红黄甜椒洗净、切丝，铺在菠菜饼上。

7 山药洗净、去皮、切成段，在蒸锅中蒸20分钟，然后将蒸熟的山药放入碗中，用压泥器压成泥。

8 最后将山药泥与金枪鱼放在菠菜饼上卷好，从中间切食用即可。

**营养贴士**

金枪鱼肉质柔嫩，脂肪含量低、热量低，富含优质蛋白、DHA等多种营养成分，经常食用金枪鱼可以增强记忆力，有助于身体健康。

春意盎然，来一份口感与颜值都爆棚的金枪鱼菠菜卷吧。清甜的菠菜汁让金枪鱼更加鲜美，有菜有肉，省时省力，简直是懒人的福音。

春天的素味西餐

# 溏心蛋芦笋蚕豆泥

⏱35分钟 | 📖简单 | 🔥低

## 主料

口蘑…80克
牛油果…150克
芦笋…80克

## 辅料

剥皮蚕豆…40克
鸡蛋…1个
盐…2克
油…少许

## 做法

1 口蘑洗净，去除柄，用厨房纸吸干水分，备用。

2 芦笋洗净，去除老根，斜切成约10厘米的段，放入沸水中余烫至变色，捞出，沥干水备用。

3 不粘锅内刷薄油一层，中火烧热，放入口蘑煎至软熟，撒上少许盐粒，盛出装盘。

4 另起一锅，不粘锅内刷薄油一层，把余烫好的芦笋小火煎到双面微焦黄，撒上少许盐粒，盛出装盘。

5 蚕豆洗净，放入煮锅中，加入没过蚕豆的凉水，大火煮20分钟左右，煮熟后捞出凉凉，放入碗中。

6 牛油果洗净、切半，去皮、去核，切成小块，放入碗中，与蚕豆一起用压泥器压成泥，盛出装盘。

7 鸡蛋洗净，冷水放入锅内，待水开后煮5分钟，盛出过一遍凉水，剥皮，切成两半，摆盘即可。

烹饪秘籍

牛油果口感绵密、香甜丝滑，与清香的豌豆非常搭配。如果喜欢口感偏甜一些，可以适当加入蜂蜜调味。

营养贴士

蚕豆含有丰富的胡萝卜素与叶黄素，非常适合经常熬夜用眼、视力模糊的人士食用，可以保护视力；芦笋中丰富的硒有抗癌、预防心脏病和减肥的功效。

健康的生活从享受低热量美食开始。将芦笋和口蘑煎香，搭配蚕豆牛油果泥，盖一个溏心蛋，一份完美的餐食就出来了。口感轻盈，每天吃都不会腻。

看颜色就让人胃口大开

# 滑蛋紫薯配混合沙拉

⏱20分钟 | 🍴简单 | 🔥低

## 主料

紫薯…200克
樱桃番茄…80克

## 辅料

红黄甜椒…50克
油醋汁…30毫升 p.015
鸡蛋…2个
圆生菜…50克
洋葱…20克
橄榄油…少许

p.015

## 做法

1 紫薯洗净、去皮，切成4厘米左右的小块。

2 将紫薯放入蒸锅中，大火烧开后蒸15分钟，蒸熟后备用。

3 鸡蛋洗净，打入在碗中，用筷子快速打散，搅拌成蛋液。

烹饪秘籍

滑蛋的特点是鲜嫩，所以翻炒的时间不宜过长，待蛋汁凝固就可以装盘。

4 不粘锅内刷薄油一层，烧至三成热，将蛋液均匀淋在锅中，转中火，待蛋液凝固，翻炒两下盛出备用。

5 圆生菜洗净，撕成适口小块，备用；樱桃番茄洗净，切成两半备用。

6 红黄甜椒洗净，切圈备用；洋葱洗净，切成洋葱圈备用。

营养贴士

紫薯比普通甘薯营养价值更高。紫薯里的膳食纤维可以加强肠道蠕动，让肠道变得润滑，达到清肠排毒的功效。

7 将以上准备好的食材装盘，淋上油醋汁即可。

夏季来一份滑蛋紫薯沙拉解暑吧。紫薯蒸熟后搭配滑蛋，与蔬菜沙拉一起食用，滋味十足，营养丰富，加入低盐少糖的自制酱汁，就能惊艳到你的味蕾。

有颜有料

# 烤豆腐莲藕鲜虾沙拉

⏳35分钟 | 🥄简单 | 🔥低

## 主料

豆腐…150克
鲜虾…100克
莲藕…120克
黄瓜…80克

## 辅料

叶生菜…35克
生姜…10克
大蒜…13克
青柠鱼露汁…30毫升 p.014

芝麻粒…少许
橄榄油…少许
黑胡椒粉…少许

p.014

### 低盐少糖
### 健康攻略

烤制过的豆腐、鲜虾能更好入味，搭配自制的低盐少糖的青柠鱼露汁，利用酱汁的酸甜鲜香刺激味蕾、丰富口感。

## 做法

1 豆腐洗净，切成宽4厘米、厚1厘米左右的片状，备用。

2 新鲜大虾洗净，去壳、去头、剔除虾线，用清水洗净备用。

3 莲藕洗净、去皮，切成片，备用。

### 烹饪秘籍

如果觉得处理鲜虾比较麻烦，也可以用冷冻的虾仁代替。

4 生姜洗净、切成片，备用；大蒜洗净、切成碎末，备用。

5 烤箱200℃预热，用锡纸将烤盘包好，刷上一层橄榄油。

6 将以上处理好的食材放入烤盘内，刷一层橄榄油，撒上黑胡椒粉，烤20分钟。

7 叶生菜洗净，去掉老叶和根部，撕成适口小块备用；黄瓜洗净、去皮，切滚刀块，备用。

8 将以上处理好的全部食材装入碗中，淋上青柠鱼露汁，撒上芝麻粒即可。

### 营养贴士

虾的营养丰富，肉质松软，非常易于消化。虾的蛋白质含量很高，经常食用可以提高免疫力，增强体质。

经过烤制的豆腐更香；烘烤过的虾肉结实鲜香；黄瓜、生菜清新爽口。各种食材巧妙搭配在一起，让你胃口大开。

完美的沙拉公式
# 红薯鹰嘴豆主食沙拉

⏳ 40分钟 | 🍴 简单 | 🔥 中

**主料**
板栗红薯…150克
鹰嘴豆…100克
樱桃番茄…150克
牛油果…160克

**辅料**
牛油果蒜香酱…25克  p.014
孜然粉…少许

低盐少糖
健康攻略……………

用孜然粉搭配自制的低盐少糖的牛油果蒜香酱为沙拉调味，利用孜然粉与酱汁的芳香提升沙拉的口感，平衡各种食材的口味，让沙拉更清香爽口。

## 做法

1 提前将鹰嘴豆洗干净，用凉水浸泡一夜。

2 锅中加入没过鹰嘴豆的水，凉水下锅，大火烧开，转小火煮15分钟捞出，备用。

3 红薯洗净，对半切开，放入蒸锅，大火烧开，蒸15分钟后捞出，去皮，切成1厘米的小块备用。

烹饪秘籍

1 鹰嘴豆浸泡的时间越久，越好煮熟。
2 如果觉得干鹰嘴豆处理起来比较麻烦，也可以用速食鹰嘴豆代替。

4 樱桃番茄洗净，十字刀切成四瓣，备用。

5 牛油果洗净，对半切开，去皮、去核，切成1厘米的小块备用。

6 最后将以上全部食材装入碗中，淋上牛油果蒜香酱，撒上少许孜然粉即可。

营养贴士

板栗红薯含有大量膳食纤维和果胶，能促进消化，加快肠胃蠕动，经常食用有利于通便和预防直肠癌。

素食者的福利来了，煮熟的鹰嘴豆疏松软糯，蒸熟的板栗红薯香甜绵密，樱桃番茄酸甜可口，牛油果香浓醇厚，都是口感丰富的食材，加入少许的孜然和自制低盐少糖的酱汁，一道健康又简单的素食料理就完成了。

简单易做的吸睛料理

# 菌菇烘蛋

⏱25分钟 | 📖简单 | 🔥低

**主料**

口蘑…90克
樱桃番茄…90克
鸡蛋…5个

**辅料**

杏鲍菇…35克
菠菜…30克
洋葱…40克
大蒜…20克

黑胡椒粉…少许
盐…2克
橄榄油…适量

**低盐少糖健康攻略**

将大蒜、洋葱、鲜菇、番茄、鸡蛋这些滋味丰富的食材进行煸炒，可以让食材的口味通过配合得到升华，从而减少盐的用量。

## 做法

1　口蘑洗净、去根，切成薄片备用；杏鲍菇洗净、去根，切成薄片备用。

2　菠菜洗净，切成两段备用；樱桃番茄洗净，切成两半备用。

3　洋葱洗净，切成洋葱圈备用；大蒜洗净，切片备用。

**烹饪秘籍**

如果家中没有烤箱，可以待食材八成熟时在锅中直接加入蛋液搅拌均匀，小火煎到蛋液凝固时，翻面煎至金黄即可。

4　鸡蛋洗净，打入碗中，然后充分搅拌均匀备用。

5　不粘锅内刷一层橄榄油，将大蒜、洋葱、口蘑、杏鲍菇、樱桃番茄、菠菜依次放入锅中，煸炒至八成熟。

6　然后将炒后的食材放入焗烤盆内，淋上蛋液，搅拌均匀，撒上盐、黑胡椒粉。

7　烤箱200℃预热，将焗烤盆放入烤箱中层，烤15~20分钟。

8　最后将烤好的食材取出，装盘即可。

**营养贴士**

鸡蛋是补钙的小帮手，其口感软嫩，非常适合小孩和老年人食用，可以帮助小孩骨骼发育，预防老年人因钙流失而导致的骨质疏松症；口蘑是非常好的补硒食材，常食可以防癌抗癌。

健康美味的早餐，用新鲜的蘑菇和少许盐就能轻松搞定。蘑菇与蔬菜在煸炒之后淋上蛋液一起烘烤，除了蛋香，还散发着菌菇类的特殊香味，保证可以让你吃得满足。

打破经典，换种做法

# 西式番茄焗蛋

⏳20分钟 | 🍳简单 | 🔥低

## 主料
樱桃番茄…120克
洋葱…60克
鸡蛋…2个

## 辅料
奶酪碎…1把（约50克）
大蒜…20克
番茄酱…20克
薄荷叶…少许
欧芹碎…少许
橄榄油…少许
黑胡椒粉…少许

**低盐少糖健康攻略**

利用番茄酱为菜肴添香增色。在烹饪中加入少量的番茄酱，并让其他食材吸收番茄酱的咸味，味道咸淡相宜，不加盐也好吃。

## 做法

1　洋葱洗净，切成洋葱圈备用；大蒜洗净，切成片备用。

2　樱桃番茄洗净，切成两半备用。

3　准备一个空碗，将鸡蛋打入碗中，加入奶酪碎、欧芹碎搅拌均匀。

**烹饪秘籍**

在淋蛋液的时候，可以将锅中的食材拨散一些，再淋入蛋液，这样出锅的成品在颜色层次上会好看一些。

4　不粘锅内刷一层橄榄油，放入洋葱圈、蒜瓣，煸炒至洋葱变透明。

5　然后放樱桃番茄、番茄酱、黑胡椒粉略微翻炒一下，淋上准备好的奶酪混合蛋液，盖上锅盖，小火焖5分钟，关火。

6　盛出摆盘，放上薄荷叶点缀即可。

**营养贴士**

樱桃番茄酸酸甜甜，其中所含的谷胱甘肽和番茄红素有促进生长发育、抗衰老的功效，特别适合小孩与老人食用。

番茄与鸡蛋是经典的搭配，除了番茄炒蛋还有更多的吃法，加入奶酪作为番茄与鸡蛋中间的调味剂，来感受一种不一样的风味。樱桃番茄煸炒之后，搭配奶酪混合蛋液一起烹制，口感酸甜醇厚，香味十足。

鸡蛋还能这样做!

# 彩椒培根北非蛋

⏲15分钟 | ⓒ简单 | ⓦ低

**主料**

番茄…200克
樱桃小番茄…150克
鸡蛋…1个（约60克）

**辅料**

洋葱…50克
红黄彩椒…50克
培根片…2片（约50克）
苦菊叶…2片

盐…2克
小茴香…少许
黑胡椒粉…少许
橄榄油…少许

**低盐少糖
健康攻略**

培根肉咸香可口，将培根切碎烹饪，可以使培根的咸味扩散，既能减少盐的用量，还能享受培根的美味。

## 做法

1 红黄彩椒洗净，切成1厘米左右的块状，备用；洋葱洗净，切成1厘米左右的块状，备用。

2 培根片切成1厘米左右的块状，备用；番茄洗净，切成1厘米左右的块状，备用。

3 樱桃小番茄洗净，切成两半，备用；苦菊叶洗净，备用。

**烹饪秘籍**

焖煮鸡蛋的时间可以根据自己喜欢的口感控制。

4 平底锅刷一层橄榄油，先放入红黄彩椒、洋葱爆香。

5 再加入番茄、樱桃小番茄、培根继续翻炒至番茄出汁。

6 接着在食材中间挖出一个圆形，将鸡蛋打进去。

7 盖上锅盖，焖至鸡蛋成形后撒上黑胡椒粉、盐、小茴香调味，关火。

8 将烹饪完成的彩椒培根北非蛋上桌，然后放上苦菊叶点缀即可。

**营养贴士**

番茄与鸡蛋的搭配，让这道菜的营养非常全面，是营养素互补得很不错的实例，可以增强抵抗力，减少疾病的发生。

清晨来一份彩椒培根北非蛋，开胃醒神，适合需要充电的你。焖过的彩椒口感绵软入味，蛋黄嫩滑，融入培根淡淡的咸香味。这组搭配口味丰富，口感层次分明，营养更是全面。

蛋香浓厚
# 黄瓜厚蛋烧

⏳15分钟 | 🍳简单 | 🔥低

**主料**
黄瓜…60克
鸡蛋…2个

**辅料**
橄榄油…少许
盐…2克

## 做法

1 黄瓜洗净,切成薄片,备用。

2 将鸡蛋打入碗中,然后加入盐,用筷子搅拌均匀备用。

3 准备一个长方形煎蛋锅,刷一层橄榄油,将一半的蛋液均匀倒入锅内。

烹饪秘籍
建议用长方形的煎
蛋锅制作厚蛋烧,
这样可以降低厚蛋
烧的成形难度。

4 小火加热至蛋液底部凝固,将蛋皮卷起,放在锅的一边。

5 将黄瓜片铺在锅中没有鸡蛋的一边。

6 将另一半的蛋液均匀倒在黄瓜上面,加热至底部凝固。

7 最后将卷好的蛋卷与第二层带黄瓜的蛋皮卷起来即可。

营养贴士

黄瓜的钾盐含量非常高,具有加速新陈代谢、
排出体内多余盐分的作用,特别适合肾病患者
食用。

想在炎炎夏日找寻小清新，那就先来一份超级快手的黄瓜厚蛋烧，只需要十几分钟就能搞定。煎熟后的鸡蛋黄瓜蛋香浓厚，清新可口，入口超幸福。

入口即化，味道鲜美

# 小银鱼秋葵蒸蛋

⏳25分钟 | 👨‍🍳简单 | 🔥低

**主料**

新鲜小银鱼…20克
鸡蛋…2个

**辅料**

白胡椒粉…少许
秋葵…1个
盐…2克
香油…1汤匙

**低盐少糖
健康攻略**

在菜出锅时放盐，可以令味蕾明显感觉到咸味，避免了"淡"的感觉。

## 做法

1 小银鱼洗净，控干水分，撒上少许白胡椒粉，搅拌均匀备用。

2 秋葵洗净，去除表面的细小绒毛，切成薄片备用。

3 准备一个空碗，将鸡蛋敲入碗中打散，然后加入230毫升凉白开，与蛋液搅拌均匀。

**烹饪秘籍**

1 蛋液用滤网过滤之后可以使蒸出来的鸡蛋羹口感更加细腻嫩滑。
2 在清洗秋葵的时候可以加入少许盐，轻轻揉搓一下，这样可以把表面的绒毛搓掉。

4 将蛋液倒入滤网中，过滤两遍，倒入蛋盅里。

5 蒸锅提前将水烧开，将蛋盅放入锅中。

6 大火蒸4分钟，待蛋液稍微凝固时，放入小银鱼与秋葵，继续蒸4分钟，关火。

7 最后在蒸蛋出锅时加入盐与香油调味即可。

**营养贴士**

银鱼与鸡蛋的搭配，让这道菜的蛋白质与钙更加丰富，非常适合正在长身体的小孩子食用，可以增强免疫力，促进骨骼的生长发育。

简单几步，一道口感嫩滑的蒸蛋就出锅了。银鱼没有其他鱼类的腥味，口感滑润，营养丰富。

薄皮大馅

# 西葫芦鸡蛋莜面蒸饺

⏳35分钟 | ⌂简单 | 🔥中

**主料**

西葫芦⋯100克
鸡蛋⋯50克
莜面⋯80克

**辅料**

虾皮⋯少许
白胡椒粉⋯少许
盐⋯2克
橄榄油⋯少许

**低盐少糖
健康攻略** ⋯⋯⋯⋯⋯⋯

虾皮自带咸味，可以为菜肴
增味提鲜，做法上可以少放
盐，减少盐的用量。

## 做法

1 将莜面倒入面盆中，
加入适量凉白开，揉成
面团，静置半小时备用。

2 准备一个空碗，将鸡
蛋打入碗中，然后搅拌
成蛋液备用。

3 不粘锅内刷一层橄榄
油，将蛋液倒入锅内，
小火煸炒至蛋液凝固，
关火盛出，备用。

**烹饪秘籍**

西葫芦切丝后有水
分，需要用盐把水
分杀出来，然后把
水分挤出，这样在
拌馅或包饺子的时
候，不会出水影响
口感。

4 虾皮洗净，浸泡5分
钟，然后捞出，控干水
分备用。

5 西葫芦洗净，用擦丝
器将西葫芦擦丝，加入
少许的盐，静置5分钟杀
出水分，然后用手挤出
水分备用。

6 将准备好的鸡蛋、虾
皮、西葫芦倒入盆中，
加入白胡椒粉搅拌均
匀，作为馅料备用。

7 将提前准备好的莜面
制作成饺子皮，用准备
好的馅料包成饺子。

8 最后将包好的饺子上
开水蒸锅内，蒸20分钟
即可。

**营养贴士**

西葫芦含有非常丰富的维生素，具有清热利尿、
减肥瘦身的食疗功效。

爱吃饺子的看过来，西葫芦鸡蛋馅清新味美，
搭配粗粮饺皮，皮薄柔韧，馅大鲜香，清爽不
腻，让你贪吃到停不下嘴。

变废为宝

# 豆腐渣蔬菜饼

⏳25分钟 | 🔥简单 | 🌶高

**主料**
豆腐渣···60克
面粉···80克
鸡蛋···3个
杏鲍菇···60克

**辅料**
小油菜···50克
红黄彩椒···20克
生姜···10克
黑胡椒粉···少许
盐···2克
橄榄油···少许

## 做法

1 红黄彩椒洗净备用；杏鲍菇洗净，切成条状备用。

2 小油菜洗净备用；生姜洗净，切成姜末备用。

3 将红黄彩椒、杏鲍菇、小油菜分别放入开水中汆烫后捞出，沥干水分备用。

烹饪秘籍
煎饼的过程中要全程小火加热，防止大火加热后，外面上色而内部不熟。

4 将处理好的红黄彩椒、杏鲍菇、小油菜切成碎块，倒入碗中。

5 在碗中加入姜末、豆腐渣、面粉，打入鸡蛋，撒上黑胡椒粉、盐，搅拌均匀。

6 不粘锅内刷一层橄榄油，将搅拌好的蔬菜糊用勺子舀入锅中，调整成圆形的饼状。

7 用小火煎至两面金黄，关火。

8 最后将做好的蔬菜饼取出装盘即可。

营养贴士

豆腐渣中包含豆腐的营养成分，含丰富的膳食纤维，有预防肠癌和减肥的功效。

豆腐渣做饼自带豆腐的香气，还让常见的豆腐有了新的吃法。煎香后的豆腐渣蔬菜饼，有杏鲍菇与鸡蛋特有的鲜味、蔬菜的清香，只需加盐，就是极致的美味。

被奶酪填满的饼

# 蛋奶蔬菜烤饼

⏲30分钟 | 📖简单 | 🔥低

**主料**

鸡胸肉···80克
胡萝卜···90克
西蓝花···80克

**辅料**

奶酪碎···50克
红黄甜椒···50克
鸡蛋···1个
盐···2克
橄榄油···少许
黑胡椒粉···少许

低盐少糖
健康攻略

利用奶酪做出来的馅饼，既蕴含了丰富的营养，又有奶酪的咸香，是一份低盐美味。

## 做法

1 胡萝卜洗净，用擦丝器擦丝备用；红黄甜椒洗净，切成小块备用。

2 西蓝花洗净，放入开水中余烫后捞出，凉凉后，切成小块备用。

3 鸡胸肉洗净，切成小块备用。

🧂 **烹饪秘籍**

在清洗西蓝花的时候，最好先拿淡盐水浸泡10分钟，这样可以去除西蓝花里的残留物。

4 不粘锅内刷一层橄榄油，将切好的鸡胸肉块放入锅中，煸炒熟后盛出备用。

5 准备一个空碗，将以上食材全部放入碗中，打入鸡蛋，撒上奶酪碎、盐、黑胡椒粉，搅拌均匀备用。

6 不粘锅内刷一层橄榄油，将搅拌均匀的食材均匀倒入锅中，加盖后转小火焖4分钟。

7 将煎好的蔬菜饼放入盘中即可。

🍴 营养贴士

胡萝卜含有一种独特的物质——木质素，这种物质可以增强免疫力，减少感冒的发生。

几种食材加少许面粉调成糊，煎成饼，一口咬下去，嫩嫩的蛋液混合着融化的奶酪，包裹着蔬菜与肉，香味在口中弥漫。奶酪的咸香味与鸡蛋的鲜味就已经把这道菜的滋味填充丰富，无须再加其他修饰。

满足一天的营养需求

# 果蔬燕麦泥

⏳20分钟 | 👍简单 | 🔥中

## 主料

牛油果…100克
芦笋…80克
香蕉…90克
原味速溶燕麦片…80克

## 辅料

黑芝麻…少许
牛奶…30毫升
蜂蜜…少许

**低盐少糖健康攻略**

做甜品时善用牛奶、蜂蜜，利用它们香甜的口感代替食糖，来增加甜味。

## 做法

1 将燕麦片倒入碗中，加入适量温开水，冲泡开备用。

2 牛油果洗净，对半切开，去皮、去核备用；香蕉去皮，切块备用。

3 芦笋洗净，去掉老根、老皮，放入开水中汆烫后捞出，过凉水，沥干水分备用。

**烹饪秘籍**

芦笋汆烫的时间不宜过长，否则营养会流失，待芦笋变色后就可以捞出。

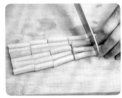

4 将沥干水分的芦笋切成小段备用。

5 将以上准备好的食材放入料理机中，加入少许蜂蜜，倒入牛奶，搅打均匀。

6 最后将搅打好的果蔬燕麦泥倒入碗中，撒上黑芝麻点缀即可。

**营养贴士**

牛油果含有丰富的维生素和植物油脂，经常食用有美容养颜的功效；燕麦是膳食纤维丰富、热量低的食物，可以增强饱腹感、促进排便，有减肥瘦身的效果。

畅享美味还不怕发胖，燕麦果蔬泥满足你。水果、蔬菜和燕麦牛奶做成稠厚的泥，营养丰富，饱腹感强。食材简单，做法也不难，即使工作忙碌，也要吃得精致。

汤汤水水，有肉有菜

# 小麦蔬菜汤

⏱ 80分钟 | 👨‍🍳 简单 | 🍳 中

## 主料

小麦麦仁···80克
胡萝卜···80克
洋葱···90克
西蓝花···70克
鸡腿肉···60克

## 辅料

口蘑···45克
大蒜···2瓣
盐···2克
黑胡椒粉···少许
橄榄油···少许

## 做法

1 小麦麦仁洗净后用清水浸泡；大蒜去皮、洗净，切成蒜末备用；洋葱洗净，切成碎末备用；

2 胡萝卜洗净，切成2厘米左右的块状备用；西蓝花洗净，切成小朵备用。

3 口蘑洗净，切成小块备用。

4 不粘锅内刷一层橄榄油，先将大蒜、洋葱爆香，再将鸡腿肉倒入锅中煸炒至八成熟。

5 然后倒入胡萝卜、西蓝花、口蘑，翻炒3分钟，加入盐、黑胡椒粉调味。

6 将炒好的食材放入汤锅中，倒入小麦麦仁，加入没过食材的凉白开，大火煮沸后转小火慢炖1小时，待小麦熟后关火即可。

营养贴士

小麦麦仁的营养丰富，能为我们补充能量，缓解身体疲劳。小麦麦仁含糖量较低，糖尿病患者适量食用麦仁对健康非常有好处。

炎热的夏季没有胃口，来一碗清淡又好喝的小麦蔬菜汤吧。煮出来的小麦嚼劲很足，能增加蔬菜汤的饱腹感。这碗汤有菜有肉，营养丰富、味道可口，能满足你挑剔的味蕾。

滑溜溜的，很适口
# 番茄菜花白豆汤

⏳90分钟 | 👨‍🍳简单 | 🔥高

**主料**
番茄…250克
菜花…80克
白豆…100克
辣味香肠…60克

**辅料**
橄榄油…少许
洋葱…40克
黑胡椒粉…少许

低盐少糖
健康攻略...........

煲汤时在汤中加入辣味香肠，汤汁吸收了香肠的咸味，不用加盐也可以让汤汁有味。

## 做法

1 白豆洗净，提前浸泡1夜。

2 洋葱洗净，切成洋葱圈备用；番茄洗净，切大块备用。

3 菜花洗净，切块备用；香肠洗净，切成小块备用。

烹饪秘籍

1 白豆非常不容易煮熟，煮之前需要浸泡12小时以上，夹生的白豆不宜食用，必须熟透才能食用。
2 如果觉得白豆处理起来比较麻烦，也可以用白豆罐头代替。

4 炖锅加热，刷一层橄榄油，将洋葱与香肠煸炒一下，将香肠炒出香味。

5 再将白豆倒入锅中，加入适量白开水，大火烧开后转小火炖煮1小时。

6 将准备好的菜花与番茄放入锅中，加入黑胡椒粉，搅拌均匀，煮15分钟关火即可。

营养贴士

白豆富含蛋白质、B族维生素等营养元素，常食可以提高免疫力，促进消化。

夏季的早晨，很适合来一碗番茄菜花白豆汤，清淡可口，营养充足。虽然都是简单的食材，但做出来的味道却不一般。将辣味香肠加入汤中，代替盐用来增味，入口绵软、滋味丰富。

嫩滑爽口

# 牛肉羹藜麦珍珠面

⏲ 35分钟 | ⚙ 简单 | 🔥 中

**主料**

瘦牛肉…200克
藜麦粉…50克
白面粉…80克

**辅料**

胡萝卜…40克　　生姜…5克
鸡蛋…50克　　　盐…2克
叶生菜…20克　　黑胡椒粉…少许
香菇…20克　　　橄榄油…少许
大葱…10克

低盐少糖
健康攻略

利用葱花、生姜过油产生的
油香味，以及香菇、鸡蛋
的鲜味，来增加饭菜的可口
性，减少盐的用量。

## 做法

1 将藜麦粉、白面粉倒
入面盆中，加入适量凉
白开揉成面团，盖上保
鲜膜，静置半小时备用。

2 牛肉洗净，剁成牛肉
碎备用；香菇洗净，切
成碎末备用。

3 胡萝卜洗净，切成细
末备用；鸡蛋取蛋清，
打散备用。

烹饪秘籍

如果觉得牛肉切碎
比较麻烦，可以
买现成的瘦牛肉末
代替。

4 叶生菜洗净，切成细
丝，备用；大葱洗净，
切成葱末备用；生姜洗
净，切成细末备用。

5 炖锅中刷一层橄榄
油，先将葱末、姜末
爆香。

6 倒入牛肉碎翻炒至变
色，接着将香菇、胡萝
卜倒入锅中翻炒一下。

7 在锅中加入适当水，
大火烧开，将准备好的
藜麦面揉搓成细小的面
团放入锅中，转小火煮
10分钟。

8 最后加入蛋清勾芡，
加入盐、黑胡椒粉搅拌
均匀，放入生菜叶点缀
即可。

营养贴士

牛肉富含蛋白质，常食牛肉可以提高身体抗病能
力。牛肉特别适合在病后调理期间食用，有补血
和修复机体的功效。

一整天的元气满满，从这碗爽滑鲜嫩的牛肉羹藜麦珍珠面开始。牛肉羹极为嫩滑爽口，搭配手工自制珍珠面，这个组合非常适口。

毛豆豆浆色泽碧绿，味道清香，将一颗豆子的营养全部收入杯中。冷热均可，喝完这杯还想喝。

# 毛豆豆浆

⏳30分钟 | 简单 | 低

**主料**
毛豆…150克

**辅料**
天然蜂蜜…少许
薄荷叶…几片

**低盐少糖**
**健康攻略**……

蜂蜜是最好的天然甜味剂，在甜品中加入蜂蜜，能让口感更香甜。

## 做法

1 将新鲜的毛豆去掉豆皮，用清水将毛豆粒洗净。

2 薄荷叶洗净备用。

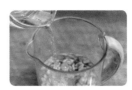

3 毛豆粒放入豆浆机中，豆浆机内加入凉白开，没过最低水位线。

**烹饪秘籍**

冰镇后饮用，口感更好，非常适合夏天饮用。

4 启动干/湿豆键即可。

5 最后将搅打好的豆浆倒入杯中，加入少许蜂蜜搅拌均匀，加入薄荷叶点缀即可。

**营养贴士**

毛豆富含卵磷脂、膳食纤维、铁等营养元素，经常食用可以提高记忆力、改善便秘。毛豆中的铁易于吸收，可以作为孕妈妈与儿童的补铁食物。

润肺止咳

# 荸荠莲藕雪梨糊

⏱35分钟 | 🍳简单 | 🔥低

| 主料 | 辅料 |
|---|---|
| 荸荠…20克 | 红枣…24克 |
| 莲藕…100克 | 牛奶…30毫升 |
| 雪梨…180克 | 黑芝麻…少许 |

用简单的方法就能做出一份清甜可口、清热润肺的雪梨糊。所用食材自带鲜甜，不加糖也能满足你。

第一章 轻盈早餐

## 低盐少糖健康攻略

利用雪梨、红枣、牛奶这些自带甜味的食材代替食糖调味增甜。做法上不加糖，也能吃到甜味。

## 做法

1 荸荠洗净、去皮，切成两半，备用；莲藕洗净、去皮，切成薄片，备用。

2 雪梨洗净，去皮、去核，切成4瓣，备用；

3 红枣洗净、去核，备用。

### 烹饪秘籍

红枣蒸一下再放入榨汁机中搅打，口感会比干红枣更加细腻一些。

4 将以上准备好的全部食材放入蒸锅中，大火蒸20分钟，关火。

5 把蒸好的食材放入榨汁机，倒入牛奶，搅打成顺滑的糊状。

6 最后将搅打好的食材倒入碗中，上面撒上少许黑芝麻点缀即可。

### 营养贴士

雪梨的营养价值很高，富含多种维生素及矿物质，具有润肺清燥、止咳化痰的食疗功效。

胡萝卜略烫过之后做成思慕雪，口感更柔和了，完全没有生涩味。再用酸奶为基调，搭配水果，口味丰富、酸甜可口。早餐搭配面包一起食用，让你一整天都充满活力。

# 轻熟蔬菜思慕雪

⧗10分钟 | 简单 | 中

**主料**
胡萝卜…180克
牛油果…160克
酸奶…100毫升

**辅料**
混合坚果…少许

**低盐少糖**
**健康攻略**

用酸奶为基调制作思慕雪，酸甜可口，不加糖也能非常美味。

## 做法

1 胡萝卜洗净，切成小块，放入开水中余烫2分钟后捞出，沥干水分。

2 将处理好的胡萝卜块倒入料理机内，加入酸奶，一起搅打至顺滑，倒入碗中。

3 牛油果洗净，切成两半，去皮、去核，然后切成片状，放入碗中摆好。

4 最后撒上混合坚果即可。

**烹饪秘籍**
用来制作思慕雪的酸奶，最好选用浓稠度较高的原味酸奶。

**营养贴士**
酸奶含有大量的乳酸菌，可以维持肠道健康，促进肠胃蠕动。将牛油果和酸奶搭配在一起，有助于肠胃对牛油果的消化吸收。

第二章

# 轻养正餐

吃出满腹的清凉感

# 薄荷牛肉

⏳2.5小时 | 🍳中等 | 🔥低

**主料**

牛肉…250克

**辅料**

薄荷…20克　　花椒…3克
葱段…15克　　料酒…1茶匙
八角…3块　　　油醋汁…20毫升 p.015
姜块…6克　　　樱桃番茄…2个
茶叶…20克　　柠檬…半个

**低盐少糖
健康攻略**

葱、八角、姜、花椒这些辛香调料味可以去腥味，再添加上自制的料汁，口感丰富，刺激味蕾。

## 做法

1　提前将牛肉洗净，放入冷水中浸泡2小时。

2　锅中加入足量的清水，倒入料酒，放入牛肉，煮至沸腾后捞出，用温水洗去浮沫备用。

3　另起一锅，加入清水，倒入葱段、八角、姜块、茶叶、花椒大火煮沸，然后倒入牛肉，转小火慢炖50分钟。

**烹饪秘籍**

牛肉在烹饪前先在冷水中浸泡2~5小时，可以有效去除牛肉中残留的血水，使牛肉的口感更加鲜嫩，注意在浸泡过程中要多换几次水。

4　薄荷叶洗净备用。

5　樱桃番茄洗净，切成4块，备用；柠檬洗净，对半切开，取半个切片，备用。

6　将炖好的牛肉捞出凉凉，斜刀切片，整齐码于碟子上。

7　将处理好的樱桃番茄、柠檬、薄荷叶摆盘。

8　最后在牛肉上面淋上一层油醋汁即可。

**营养贴士**

薄荷有提神醒脑、消炎止痛、助消化的食疗效果。搭配蛋白质丰富的牛肉，能使营养更加全面。

牛肉是解馋又饱腹的健康红肉，多吃也不发胖。薄荷叶跟柠檬汁的搭配能让牛肉清新，与众不同，是特别爽口的一道菜。

令你胃口大开

# 清新麻椒鸡

⏱30分钟 | 🍳中等 | 🔥低

## 主料

鸡腿肉…200克

## 辅料

藤椒…20克　　　料酒…1茶匙
青花椒…30克　　橄榄油…50毫升
小青椒…2个　　　香醋…1汤匙
姜片…6克

**低盐少糖
健康攻略**

利用藤椒、花椒过油后产生的油香味来增加鸡肉的可口性，再加上自制酱汁的麻、辣、酸的味道，减少了对咸味的需求。

## 做法

1 小青椒洗净，切圈备用。

2 鸡腿肉洗净，提前放入冷水中浸泡2小时，浸出血水。

3 鸡腿下锅，加入没过鸡肉的冷水，倒入料酒、姜片，大火煮沸后转小火，煮10分钟关火。

**烹饪秘籍**

鸡肉煮熟后快速放入冷水中冷却，可以使鸡肉的口感更加嫩滑。

4 关火后在锅中继续闷15分钟左右，迅速捞出，放入冰水中，冷却后捞出控水，切片，装盘备用。

5 取空碗，将藤椒、盐、青花椒、青椒倒入调料碗中，炒锅烧热，倒入橄榄油，大火将油烧滚，关火。

6 在调料碗中淋上沸腾的橄榄油，炸香后凉凉备用。

**营养贴士**

鸡肉富含维生素B$_{12}$，常吃鸡肉可以维持神经系统的健康，对经常失眠的人士具有促进睡眠的食疗功效。

7 取2汤匙凉凉的花椒油、香醋倒在鸡肉上，放入冰箱冷藏两三个小时，即可食用。

鸡肉煮熟后淋上花椒油，冷藏后食用，让椒油特有的麻香风味渗入到鸡肉中，清凉爽口、开胃下饭，尤其适合炎热的夏天。

秀色可餐
# 刺身三文鱼拌牛油果

⏳15分钟 | 👨‍🍳简单 | 🔥低

**主料**

三文鱼…200克
牛油果…180克

**辅料**

橄榄油蔓越莓汁…30毫升 **p.015**
柠檬…半个

橄榄油蔓越莓汁…30毫升 **p.015**

低盐少糖
健康攻略·····

将柠檬与自制的低盐少糖的橄榄油蔓越莓汁入菜，利用柠檬与酱汁的酸甜改善口感，能令菜的味道更有层次。

## 做法

1 牛油果对半切开，去皮、去核，然后切成1厘米左右的厚片备用。

2 三文鱼切成1厘米左右的厚片备用。

3 将以上准备好的食材放入盘中摆盘。

烹饪秘籍

加入柠檬可以去除腥味，还可以使三文鱼的味道变得更加鲜美。

4 柠檬洗净，对半切开，取半个挤汁在食材上面。

5 最后淋入橄榄油蔓越莓汁即可食用。

**营养贴士**

三文鱼富含蛋白质、DHA等营养元素，经常食用三文鱼可以提高免疫力、活跃大脑细胞、预防脑功能退化。

三文鱼与牛油果都是深受健身人士喜爱的食物，营养丰富、热量低，搭配自制的低盐少糖的橄榄油蔓越莓汁，能让嘴巴得到满足的同时又减少盐和糖的摄入。

法式凉菜

# 醋渍章鱼

⏳35分钟 | 🍳简单 | 🔥低

**主料**

速冻大章鱼爪···200克
番茄···150克

**辅料**

洋葱···40克
大蒜···2瓣
罗勒叶···少许
白葡萄酒···少许
油醋汁···30毫升 p.015

> **低盐少糖**
> **健康攻略**
>
> 利用自制的低盐少糖的油醋汁与番茄的酸味刺激味蕾，能让胃口大开。酸味可以增加味蕾对咸味的敏感度，减少对盐和糖的需求。

## 做法

1 章鱼爪解冻后洗净，剥去外皮，放入沸水中余烫3~5分钟，捞出，过凉水，沥干水分。

2 将章鱼爪切成薄片，放入碗中，倒入油醋汁、白葡萄酒腌制5分钟备用。

3 番茄洗净，切块备用；罗勒叶洗净备用。

4 大蒜洗净，放入料理机内；洋葱洗净，切块，放入料理机内。

5 将大蒜与洋葱搅打成泥，盛出备用。

6 最后将处理好的章鱼爪、番茄装盘，淋上搅打好的洋葱大蒜泥，放上罗勒叶点缀即可。

> 🧂 **烹饪秘籍**
>
> 1 速冻章鱼分熟冻和生冻两种，购买时要注意。熟冻的章鱼解冻后可以直接食用，生冻的需要加工熟后才能食用。
> 2 生鲜章鱼余烫的时间不宜过长，否则影响口感，待章鱼肉打卷时就代表已经熟了，捞出即可。

> **营养贴士**
>
> 章鱼属于高蛋白低脂肪食材，它的蛋白质含量要比牛奶高6倍。减肥时吃章鱼，既能获取丰富的蛋白质，又不会让脂肪摄入超标。

煮熟后的章鱼有嚼劲、很弹牙，用自制的油醋汁腌一下，口感清爽，酸甜适中，是法式餐前菜中不可少的一道美食。

肉质弹牙，鲜香可口

# 凉拌墨鱼

⏳25分钟 | 🍽简单 | 🔥低

**主料**

墨鱼…250克

**辅料**

洋葱…30克　　　　柠檬…半个
蒜泥…20克　　　　醋…1汤匙
红黄甜椒…50克　　盐…2克
料酒…1汤匙

**低盐少糖
健康攻略**……………

蒜泥辛辣，有刺激性，能代
替盐为食物增添风味；柠檬
与醋的酸可以刺激味蕾，从
而减少对盐的需求量。

## 做法

1　柠檬洗净，对半切
开，取半个柠檬，挤汁
到调料碗中，加入醋、
盐、蒜泥拌均匀。

2　墨鱼洗净，从一端开
始用斜刀切一字刀，切
到另一端，然后在原有
的一字刀上垂直切一字
刀，切成花型。

3　将处理好的墨鱼放
入加了料酒的沸水中焯
熟，然后捞出，沥干水
分备用。

**烹饪秘籍**

新鲜的墨鱼肉水煮
时间不宜过长，否
则会影响口感，一
般煮到墨鱼肉由透
明色变成雪白色
时，即可捞出。

4　洋葱洗净，切粗丝备
用；红黄甜椒洗净，切
粗丝备用。

5　将墨鱼、洋葱、红黄
甜椒放入沙拉碗中。

6　将调料汁淋在沙拉
上，搅拌均匀即可。

**营养贴士**

墨鱼是高蛋白、低热量的食材，
经常食用可以增强体质，减肥瘦
身，预防高脂血症和心脑血管疾
病发生。

墨鱼切花刀，烫熟，用柠檬、醋调个鲜味汁凉拌，酸味刺激口水的分泌，更凸显了鲜美，也减少了对咸味的需求。这道菜酸辣入味，怎么吃都不腻。

冷豆腐也算是日常必不可少的快手菜了，用料简单，制作方便，只用搭配自制的酱汁和鱼子调味，保留豆腐原味的同时，味道也不会寡淡。

## 鲜味充满整个口腔
# 鱼子冷豆腐

⏳15分钟 | 🍽简单 | 🌶中

| 主料 | 辅料 |
| --- | --- |
| 盒装内酯豆腐…400克 | 柴鱼片…10克<br>即食鱼子酱…20克<br>风味芝麻酱…30克 **p.016** |

### 低盐少糖健康攻略

利用自制的低盐少糖的风味芝麻酱调味，可以为食物提香，让食物香醇浓郁。在酱汁的做法上可以少用盐，减少盐的摄入量。

## 做法

1　将盒装内酯豆腐打开，扣在盘子上。

2　在豆腐上面淋上风味芝麻酱。

3　再撒上柴鱼片。

4　最后在顶层铺上鱼子酱即可食用。

### 烹饪秘籍

内酯豆腐先提前放入冰箱冷藏，在吃的时候凉凉的，口感会更佳。

### 营养贴士

内酯豆腐含有丰富的铁、钙等人体必需的矿物质，经常食用可以预防缺铁性贫血和骨质疏松。

素菜也能吃出肉的味道

# 凉拌小素鸡

⏲10分钟 | 👍简单 | 🌡中

🧂 素鸡可不是真的鸡肉哦，而是豆制品的一种，口感与味道与肉难以分辨。素鸡用香油、醋汁拌一拌，酸香入味，开胃又解馋。

## 主料
小素鸡…250克

## 辅料
小葱…1根
香菜…2根
香油…1汤匙
醋…1汤匙
小米椒…2个
大蒜…2瓣
盐…2克

**低盐少糖 健康攻略**

将香油加入菜肴中，可以给菜增加香味，增进食欲；利用小米椒、蒜末、醋的酸辣芳香刺激味蕾，能减少对咸甜味的需求。

## 做法

1 小素鸡洗净，放入沸水中，小火煮5分钟捞出，切成厚片备用。

2 香菜洗净，切碎，备用；小葱洗净，切成葱花，备用。

3 小米椒洗净，切末，备用；蒜瓣洗净，切成蒜末，备用。

**烹饪秘籍**

凉拌小素鸡制作完成后，可以放入冰箱冷藏一会儿再食用，这样可以使小素鸡清凉入味，口感更佳。

4 取一个调料碗，将小葱、小米椒、蒜末放入碗中，倒入香油、醋、盐，搅拌均匀。

5 然后将准备好的小素鸡放入盘中摆盘，倒入调好的酱汁。

6 最后撒上香菜点缀即可。

**营养贴士**

素鸡是豆腐的再加工制品，富含大豆卵磷脂以及优质蛋白质，有益于神经、血管以及大脑的生长发育，常食可以增强免疫力，强身健体。

好吃又好看
# 虫草花拌莴笋丝

⏳ 25分钟 ｜ 🍲 简单 ｜ 🔥 低

## 主料

虫草花…20克
莴笋…150克

## 辅料

大蒜…2瓣
小米椒…3个
风味芝麻酱…30克　p.016

p.016

低盐少糖
健康攻略………………………

利用自制的低盐少糖的风味
芝麻酱调味，提升这道凉菜
的口感，减少盐的摄入。

## 做法

1　莴笋洗净、削皮，切成细丝备用。

2　将切好的莴笋丝放入凉水中浸泡10分钟左右，捞出，沥干水分备用。

3　虫草花洗净，放入沸水中焯熟，捞出，沥干水分，凉凉备用。

4　大蒜洗净，切成蒜末备用；小米椒洗净，切圈备用。

5　将准备好的莴笋丝装盘，撒上蒜末，淋上风味芝麻酱。

6　最后撒上虫草花、小米椒，装盘即可。

### 烹饪秘籍

莴笋是一种可以生食的蔬菜，凉拌时不需要焯水。将莴笋丝在冷水中浸泡一会儿，可以去除莴笋的异味，食用起来会更加爽脆。

### 营养贴士

莴笋富含膳食纤维，能促进肠道蠕动，防止便秘，它还含有碘元素，有助于消除紧张，帮助睡眠。

翠绿清脆的莴笋丝，配上金黄色的虫草花，让这道菜看起来更引人食欲。夏天有这样一道菜，简单、好看又消暑，是不是很棒呢？

> 凉菜的灵魂是酱汁，有个可口的凉拌汁，夏天就不存在没有胃口一说。芥末酱汁配木耳是一绝，清爽脆口，酸辣开胃。

简易的开胃菜

# 开胃木耳

⧖10分钟 | 🍳简单 | 🔥中

**主料**

木耳…150克
黄瓜…150克

**辅料**

芥末…少许
香油…1茶匙
香醋…1茶匙
蜂蜜…1茶匙
小米椒…2个
盐…2克

**低盐少糖
健康攻略**

将香油、香醋、蜂蜜、小米椒、芥末这些调味品加入木耳中，可以让木耳酸辣香甜，有酸甜辣的刺激，从而减少其他调味品的用量。

## 做法

1　提前将木耳加水泡发，洗净，去掉根部，分成小朵。

2　将准备好的木耳放入沸水中焯熟，捞出，沥干水分，凉凉备用。

3　小米椒洗净，切段备用；黄瓜洗净、去皮，切成薄片备用。

**烹饪秘籍**

木耳多褶皱，容易藏灰尘，在泡发后需要反复清洗几遍。

4　准备一个调料碗，倒入香油、香醋、蜂蜜、小米椒、盐和少许芥末搅拌均匀。

5　准备一个空盘，将黄瓜片均匀贴在盘边。

6　最后将处理好的木耳放入盘中，倒上调好的芥末汁即可。

**营养贴士**

木耳中铁的含量极为丰富，常吃木耳可以令气血充足，使肌肤红润，并可预防缺铁性贫血。

促进肠胃蠕动的减肥菜

# 香菜拌萝卜丝

⏱15分钟 | 👨‍🍳简单 | 🔥低

**主料**
香菜…20克
白萝卜…200克

**辅料**
红黄彩椒…30克
小米椒…2个
油醋汁…40毫升 **p.015**

凉拌萝卜丝一定要加香菜味道才更好，白萝卜清脆爽口，但口味稍显清淡，搭配香菜却会变得不同，简单开胃又不失营养。

**低盐少糖健康攻略**

利用醋调味，可增添食物甜酸的风味；利用香菜调香，来增加菜肴的层次感。

## 做法

1 香菜洗净，切碎备用。

2 白萝卜洗净，切成细丝备用。

3 红黄彩椒洗净，切成细丝备用。

4 小米椒洗净，切碎备用。

5 将白萝卜丝、红黄彩椒丝、小米椒碎、香菜碎依次放入盘中，淋上油醋汁即可。

**烹饪秘籍**

香菜作为调味菜，最好不要过早放入，否则香味会丢失很多。

**营养贴士**

白萝卜含有丰富的维生素C，可以抗氧化，使肌肤变得有弹性，其根茎部分含有淀粉酶及消化酶，可以帮助肠胃蠕动，促进消化。

鲜咸软糯

# 豆瓣酥

⧖ 40分钟　🍳简单　🔥低

**主料**

去皮蚕豆瓣…250克

**辅料**

金华火腿…40克
海米…20克

**低盐少糖**
**健康攻略**⋯⋯⋯⋯⋯⋯⋯

烹饪中加入海米、火腿，利
用咸鲜食材可以代调味品
调味。

## 做法

1　海米洗净，加开水泡
发后捞出，切碎备用。

2　蚕豆瓣洗净，放入
锅中，倒入浸泡海米的
水，煮至酥软后捞出，
沥干水分。

3　将准备好的蚕豆倒入
碗中，用勺子的背面按
压成蚕豆泥备用。

**烹饪秘籍**

海米自带咸味和鲜
味，蚕豆用浸泡海
米的水焖煮，味道
会非常鲜美。

4　火腿洗净，放入沸水
锅中焯熟，捞出，沥干
水分。

5　然后将火腿肉切碎
备用。

6　最后将准备好的海
米、火腿放入装有蚕豆
泥的碗中即可。

**营养贴士**

蚕豆含有丰富的钙质，经常食用可以预防骨质疏松，促进骨骼生长发育。其还
含有丰富的胆石碱，有增强记忆力的健脑作用。

豆瓣本身就鲜味十足，去皮、压碎后酥软可口，配上海米与火腿更是鲜上加鲜。吃一口，立刻在嘴里化开，鲜香味层层递进，全是满足感。

🧂 蒜香浓郁，辣味清新，蒜蓉绝对是为各式叶菜而生。这道蒜蓉凉拌绿苋菜，清嫩爽口，无油清淡，调味极简，是一道绿色健康的家常菜。

# 七月苋，金不换
# 蒜蓉凉拌绿苋菜

⏳10分钟 | 👨‍🍳简单 | 🔥低

**主料**
大蒜…3瓣
苋菜…300克

**辅料**
小米椒…2个
腐乳…1块
香醋…1汤匙

## 低盐少糖
## 健康攻略

腐乳味重，含盐量高，烹饪中加入腐乳来做调味品，可以减少其他含盐调味品的使用。

## 做法

1 苋菜洗净，去掉老根，对半切开，放入沸水中焯熟，捞出过凉水，沥干水分备用。

2 大蒜洗净，切成蒜末备用。

3 小米椒洗净，切成段备用。

4 准备一个空碗，取一块腐乳，用勺子背面压烂。

5 在碗中加入大蒜、小米椒、1汤匙凉白开、香醋，搅拌均匀。

6 将处理好的苋菜装入盘中，淋上搅拌好的酱汁即可。

🧂 **烹饪秘籍**
苋菜余烫的时间不宜过长，否则会破坏它的营养，一般在苋菜变软的时候关火即可。

**营养贴士**
绿苋菜的营养价值非常高，有增强体质、清热解毒、促进消化等食疗功效。

外焦里嫩

# 烤豆腐

⏱40分钟 | 👍简单 | 🔥低

**主料**
北豆腐…200克

**辅料**
柴鱼片…少许
盐…2克
橄榄油…2汤匙

🔄 **低盐少糖**
**健康攻略**………………………

将豆腐烤好之后再放盐，可以让咸味留在
豆腐的表面，吃的时候能明显感觉到咸
味，从而减少盐的用量。

🧂 要说好吃的豆腐，我只服烤豆腐，皮
酥里嫩，味道极好，香香脆脆的，撒
点盐粒就能满足你的味蕾。

## 做法

1 豆腐洗净，用厨房纸吸掉表
面水分，然后将豆腐切成大块。

2 烤箱提前预热200℃。

3 烤盘上铺上锡纸，将处理好
的豆腐块整齐码在烤盘上，刷
上一层橄榄油，放入烤箱中层烤
30分钟。

4 将豆腐取出，快速放入盘中
摆盘，薄薄撒一层盐，最后放上
柴鱼片即可。

🧂 **烹饪秘籍**
在豆腐上撒盐调味
时，要趁豆腐热
时快速放盐，这样
才能令豆腐更好地
入味。

**营养贴士**
豆腐高蛋白、低脂
肪、低胆固醇，既是
美味佳肴又是滋补食
材，"三高"人群可
以多食豆腐，对防治
"三高"有一定的辅
助食疗功效。

蒸出好滋味

# 小笼蒸时蔬

⏳35分钟 | 🍳简单 | 🔥低

## 主料

白色菜花…120克
绿色菜花…120克
紫色菜花…120克

## 辅料

油醋汁…30毫升 p.015
小米椒…2个
大蒜…2瓣
盐…少许

**低盐少糖**
**健康攻略**……………………

利用自制的低盐少糖的油醋汁调味，酱汁的酸味能够刺激味蕾，减少对盐的需要。

## 做法

1 将三种颜色的菜花掰成小朵，放入淡盐水中浸泡10分钟，然后用清水冲洗干净。

2 将清洗后的菜花放入蒸锅内，大火烧开后蒸15分钟左右，蒸熟后关火备用。

3 小米椒洗净，切圈备用。

**烹饪秘籍**

1 如果购买不到紫色菜花，也可以用紫薯或者其他食材代替。
2 菜花用淡盐水浸泡，可以有效去除菜花里面的残留物。

4 大蒜洗净，切成蒜末备用。

5 准备一个小碗，将小米椒、大蒜、油醋汁一起搅拌均匀。

6 最后将蒸好的菜花摆盘，搭配制作好的酱汁一起食用即可。

**营养贴士**

菜花含有丰富的维生素C，可以增强体质、提高免疫力。菜花还含有丰富的钾元素，有利尿消肿的作用。

白色菜花、绿色菜花、紫色菜花，掰成小朵，
用小竹笼隔水蒸熟，搭配自制的酱汁平衡口
感，寡淡的食材也变得不平凡。

美味春日香
# 蒜子荠菜

⏳15分钟 | 🍴简单 | 🔥低

**主料**
荠菜…400克

**辅料**
小米椒…2个
橄榄油…1汤匙
盐…2克
大蒜…3瓣

**低盐少糖**
**健康攻略**⋯⋯⋯⋯⋯⋯⋯

炒青菜多利用大蒜提味，蒜素可以使青菜的味道更加浓郁，从而减少其他调味品的用量。

## 做法

1 荠菜洗净，去除老叶，沥干水分，对半切开，备用。

2 大蒜洗净，切成蒜末，备用。

3 小米椒洗净，切圈，备用。

**烹饪秘籍**
荠菜不好清洗，要多洗几遍，避免牙碜。

4 炒锅加热，倒入橄榄油，先放入蒜末、小米椒爆香。

5 再放入荠菜翻炒几下，倒入盐，翻炒均匀后关火。

6 最后将炒好的荠菜装盘，即可食用。

**营养贴士**

芥菜富含蛋白质，经常食用可以增强免疫力，芥菜还含有丰富的胡萝卜素，非常适合老年人和用眼过度的人士食用，能预防白内障与其他眼部疾病的发生。

"三月荠菜席中珍"，阳春三月，芥菜当季，搭配蒜末清炒一下，芥菜的清香掺杂着蒜末的微辣，既保存了芥菜的鲜香原味，又不会觉得口感单调。

麻麻的，香香的
# 椒油儿菜

⏳22分钟 | 👐简单 | 🔥低

**主料**
儿菜 …250克

**辅料**
花椒…15克
大蒜…1瓣
红甜椒…20克
橄榄油…2汤匙
盐…2克

**低盐少糖
健康攻略**

利用花椒油调味，口味强烈持久，从而减少了盐和糖的用量。

## 做法

1 儿菜洗净，去掉老皮，斜刀切成条状。

2 将儿菜放入沸水中焯熟，捞出，沥干水分，备用。

3 红甜椒洗净，沥干水分，切成菱形片，备用。

**烹饪秘籍**
选购儿菜时，如果炒菜食用最好选个头大一点的，做凉拌菜可以选择中等大小的，做泡菜选择小个儿的即可。

4 大蒜洗净，切成薄片备用。

5 炒锅烧热，倒入橄榄油，大火将油煮沸，然后将热油倒在花椒上面，炸香备用。

6 将处理好的儿菜、甜椒、大蒜放入盘中，加入盐，倒上花椒油，搅拌均匀即可。

**营养贴士**

儿菜富含钙、磷、铁和维生素，尤其是钙的含量特别高，是一种补钙的好食材。另外，儿菜还含有丰富的膳食纤维，能促进肠胃蠕动，帮助消化，可以防治便秘。

不爱吃蔬菜，觉得蔬菜的口味太单调，那就试试这道椒油儿菜吧。不需要加过多的调味料，嚼在嘴里肉脆少筋，麻香味十足，让人从此爱上吃蔬菜。

# 韭菜炒豆芽

⧗15分钟 | 🍳简单 | 🔥低

**主料**
韭菜…50克
豆芽…200克

**辅料**
大蒜…1瓣
姜片…1片
葱白…20克
橄榄油…适量
盐…2克

**低盐少糖
健康攻略**

只用简单的盐调味，避免与酱油、味精、鸡精等其他调味品同时使用。

## 做法

1 韭菜洗净，切成小段备用。

2 豆芽清洗干净，沥干水分备用。

3 大蒜洗净，切片，备用。

**烹饪秘籍**
豆芽和韭菜都是非常容易熟的蔬菜，不宜长时间烹饪。

4 葱白洗净，斜刀切段，备用。

5 炒锅加热，倒入橄榄油，先放入大蒜、葱白、姜片爆香。

6 再倒入韭菜、豆芽，翻炒至韭菜稍微变软，加入盐翻炒均匀，关火，盛出装盘即可。

**营养贴士**

韭菜含有丰富的铁、钾与多种维生素；豆芽含有丰富的蛋白质与膳食纤维。这道菜营养均衡，受到很多人的喜爱。

韭菜特殊的味道，让人隔一段时间不吃就会想念，搭配豆芽菜清炒一下，调味简单，清脆鲜香，常见的食材却搭出不一样的风味。

简单拌一下，比炒还有味

# 手撕茄子

⏲20分钟 | 📖简单 | 🔥低

**主料**
长茄子…250克

**辅料**
牛油果蒜香酱…40克  p.014
红黄甜椒…20克

**低盐少糖
健康攻略**················

茄子中加入了低盐少糖的牛油果蒜香酱，利用酱汁调味，让这道菜辛辣浓郁，同时减少了盐的摄入。

## 做法

1 红黄甜椒清洗干净，切碎，备用。

2 茄子去蒂，清洗干净，对半切成两半备用。

3 把茄子放入蒸锅中，大火煮沸后蒸20分钟，关火取出。

**烹饪秘籍**

1 想要茄子的口感更加软腻一些，可以多蒸一些时间。
2 如果想要蒜香更浓郁一些，可以多放一些蒜末。

4 将蒸好的茄子用手撕成1厘米左右宽的长条，倒掉多余的水分，装盘。

5 在茄子上面淋上牛油果蒜香酱。

6 最后撒上红黄甜椒丁点缀即可。

**营养贴士**

茄子含丰富的维生素P，有保护心血管的功效，其还富含龙葵碱，能抑制消化系统肿瘤的增殖，对于防治胃癌有一定效果。

蔬菜做得好，也能当肉吃。茄子蒸好、撕碎，用自制的低盐少糖的酱汁拌一下就蒜香四溢，夹起一丝柔软的茄肉，仿佛会融化在嘴里。要说比肉更好吃的蔬菜，几乎没有比茄子更符合的了。

让胃暖暖的
# 芋仔煨大白菜

⏳20分钟 | 🍴简单 | 🔥低

## 主料

小芋头···200克
白菜心···150克

## 辅料

橄榄油···1汤匙
葱白···20克
姜片···2片
盐···2克
白胡椒粉···适量

低盐少糖
健康攻略·····················

养成用控盐勺的好习惯，精确量化每次盐的用量，从而有意识地减少用盐量。

## 做法

1 小芋头洗净、去皮，切滚刀块，备用。

2 白菜心洗净，切成3段，备用。

3 葱白洗净，切段，备用。

烹饪秘籍

刮芋头皮时，手切记不要沾水，保持干燥，否则会手痒。

4 炒锅加热，倒入橄榄油，放入葱白、姜片爆香。

5 倒入小芋头，炒至芋头变色，加盐，加入没过芋头的凉白开，大火煮沸，倒入白菜帮，转小火继续炖煮。

6 待汤汁黏稠时，倒入白菜嫩叶，转中火，待白菜叶变软，加入少许白胡椒粉，搅拌均匀，关火出锅即可。

营养贴士

芋头富含蛋白质、矿物质、维生素等多种营养成分，有增强免疫力、促进消化、增强食欲的食疗效果。

芋头和白菜是天造地设的一对。芋头软糯鲜甜，营养丰富；白菜晶莹剔透，口感清甜。这两者结合，汤汁清爽，软腻香甜。

浓郁的豆香扑面而来
# 腐竹烩菠菜

⏳20分钟 | 🍲简单 | 🔥高

## 主料
腐竹…200克
菠菜…100克

## 辅料
葱白…20克
姜片…2片
蒜瓣…3瓣
橄榄油…1汤匙

盐…2克
红黄彩椒…20克
胡椒粉…少许

### 低盐少糖
### 健康攻略
炒菜出锅时再放盐，这样盐分不会渗入菜中，而是均匀撒在表面，既可以保证咸味，还可最大限度减少盐的摄入量。

## 做法

1　将腐竹提前放在温水中，泡开，沥干水分。

2　将腐竹切成3厘米左右的小段，备用。

3　菠菜洗净，切成2大段备用。红黄彩椒洗净，切丝备用。

### 烹饪秘籍
先炒腐竹可以让腐竹的味道更加浓郁，如果是先炒菠菜，需要稍焖才能入味儿，而且菠菜非常容易炒过头。

4　葱白洗净，切段备用；蒜瓣洗净，切片备用。

5　炒锅加热，倒入橄榄油，放入葱白、姜片、蒜片爆香。

6　倒入腐竹翻炒两三分钟，倒入菠菜，翻炒至菠菜变软，放入盐、胡椒粉，翻炒均匀后关火。

7　将炒熟的腐竹菠菜装盘，撒入红黄彩椒丝点缀即可。

### 营养贴士
腐竹含有丰富的谷氨酸，是很好的健脑食材，非常适合老年人与脑力工作者食用，有提高记忆力、预防老年痴呆的食疗功效。

腐竹具有浓郁的豆香味，它含有丰富的蛋白质及多种营养成分，食之清香爽口，荤食、素食均别有风味。将腐竹泡发后与菠菜一起炒软，色彩分明，老少皆宜。

素菜吃出肉滋味
# 黄豆芽烧油豆腐

⏳25分钟 | 🍲简单 | 🔥中

**主料**
黄豆芽…350克
油豆腐…100克

**辅料**
小米椒…2个
盐…2克
橄榄油…2汤匙
海米…15克

**低盐少糖**
**健康攻略**
利用海米自带天然咸鲜的口
感，增味提鲜。

## 做法

1 油豆腐洗净，放入沸
水中浸泡5分钟，沥干水
分，切成两半，备用。

2 海米洗净，加开水泡
发后捞出，切碎备用。

3 黄豆芽洗净，沥干水
分，备用。

**烹饪秘籍**
把油豆腐放入沸水
中浸泡一会儿，可
以使油豆腐的口感
更加软嫩。

4 小米椒洗净，切圈，
备用。

5 炒锅加热，倒入橄榄
油，放入小米椒爆香。

6 放入豆芽，炒至豆芽
发软，放入油豆腐翻炒
两下，加入盐、海米继
续翻炒，待汤汁黏稠时
关火即可。

**营养贴士**

豆芽营养全面，含有丰富的维生素与膳食纤维，
有预防便秘、降低血脂、抗氧化的食疗功效。

黄豆芽烧油豆腐是经典家常菜，与海米搭配起来更加默契，黄豆芽清脆，海米鲜香，油豆腐吸收汁水后更加鲜美，虽然做法简单，却能令人食欲大开。

口感爽脆，淡绿清香

# 葱油莴笋干

⏲ 15分钟 | 🍳 简单 | 🔥 低

## 主料

细香葱…50克
莴笋干…60克

## 辅料

大蒜…2瓣
红色小米椒…2个
姜片…2片
橄榄油…3汤匙
盐…2克

**低盐少糖**
**健康攻略**……………

利用葱油产生特殊香气刺激味蕾，可减少调味品的使用，葱油还可以去除腥膻及油腻厚味。

## 做法

1 提前将莴笋干在冷水中浸泡45分钟，泡发后洗净，沥干水分，备用。

2 大蒜洗净，切片备用；小米椒洗净，切圈，备用。

3 细香葱去除根部，洗净，切小段备用。

**烹饪秘籍**

如果时间充裕，最好用冷水浸泡莴笋干，冷水浸泡的莴笋干口感会更脆嫩。

4 炒锅加热，倒入橄榄油，下入葱段，中小火煎至葱段变焦黄，关火，捞出葱段备用，锅中留葱油。

5 油锅继续开火，倒入大蒜、小米椒、姜片，利用葱油爆香。

6 倒入莴笋干炒熟，加入盐，翻炒均匀，关火。

7 将炒熟的莴笋装盘，放入几根熬制葱油时的葱段即可。

**营养贴士**

用香葱调味的同时，也可以补充丰富的营养物质，常食香葱有促进消化、增进食欲的功效；莴笋含有丰富的钾、碘、氟等营养元素，有利于促进排尿、提高代谢、帮助骨骼生长。

经过热油洗礼，葱减少了刺鼻的味道和辣味，沉淀下特别的香气，口感变得更为醇厚。莴笋干泡发，加入葱油，口感清脆，唇齿留香，别有一番风味。

解馋还顶饱
# 火腿豌豆米

⏳25分钟 ┊ 🍚简单 ┊ 🔥中

**主料**

豌豆粒…250克
金华火腿…50克

**辅料**

姜片…2片
大蒜…2瓣
胡萝卜…40克
盐…1克
橄榄油…适量

**低盐少糖**
**健康攻略**

烹饪中加入火腿，可以不再
加盐。烹饪前先将火腿在水
中浸泡，可以减少火腿中的
盐分。

## 做法

1 豌豆粒清洗干净，沥
干水分，备用。

2 金华火腿洗净，沥干
水分，切成小丁，备用。

3 胡萝卜洗净，切成
小丁，备用。

**烹饪秘籍**

豌豆粒和金华火腿
一定要煮到柔软，
才会好吃。

4 大蒜洗净，切末备
用；姜片切末备用。

5 炒锅加热，倒入橄
榄油，倒入蒜末、姜末
爆香。

6 倒入豌豆粒、火腿
粒、胡萝卜粒，翻炒两
下，倒入没过食材的凉
白开，焖煮一会儿，待
豌豆粒变软、汤汁收
干，加入盐，搅拌均匀
即可。

**营养贴士**

豌豆高钾低钠，经常食用可以预
防心血管疾病；豌豆还含有大量
的镁及叶绿素，有助于体内毒素
排出，保护肝脏。

青翠欲滴的豌豆米用一点金华火腿来提味，嫩嫩的豌豆米吸收了火腿的香味，既入味，看着也美丽，让人不忍下口。

鲜香回味无穷

# 虾皮西葫芦

⧗20分钟 | 🍲简单 | 🔥低

## 主料

西葫芦…300克
虾皮…18克

## 辅料

木耳…6朵
大蒜…2瓣
盐…1克
橄榄油…1汤匙

低盐少糖
健康攻略……………

巧妙利用虾皮的咸鲜口感，
替代用盐，在减盐的同时，
还能让口感升级。

## 做法

1 虾皮清洗干净，沥干
水分，备用。

2 木耳提前发泡好，清
洗干净，放到沸水中焯
熟，捞出，过凉水，沥
干水分。

3 将准备好的木耳切丝
备用。

烹饪秘籍

木耳焯熟后过凉
水，可以使木耳更
加脆口好吃。

4 大蒜去皮、洗净，切
成薄片，备用。

5 西葫芦洗净，剖成两
半、切成半圆形薄片。

6 炒锅加热，倒入橄榄
油，加入蒜片爆香，加
入虾皮翻炒两下。

7 倒入西葫芦，翻炒几
下，加入盐，翻炒至西
葫芦见软出水，加入木
耳，翻炒几下，关火，
盛出即可。

营养贴士

西葫芦富含多种维生素及矿物质，常食有清热解
毒、减肥瘦身、美容养颜的食疗功效。

很平常的西葫芦，加了虾皮，就有了不一般的鲜香，虾皮的鲜味和西葫芦的清甜相得益彰，这道菜简单清爽，老人小孩都喜欢。

满口焦香

# 焦香孢子甘蓝

⏱35分钟 | 📋简单 | 🔥低

**主料**

孢子甘蓝⋯400克
杏鲍菇⋯80克

**辅料**

橄榄油⋯少许
盐⋯2克
大蒜⋯2瓣
圣女果⋯50克
黑胡椒碎⋯少许

**低盐少糖
健康攻略**

菌菇含有比较多的谷氨酸，可以提升菜品的鲜味，从而减少对盐的需求量。

## 做法

1 孢子甘蓝去除老叶，去除根部，洗净，对半切开，沥干水分备用。

2 圣女果洗净，对半切开，备用；杏鲍菇洗净，切成薄片，备用。

3 大蒜洗净，切成薄片，备用。

**烹饪秘籍**

家中如果没有烤箱，也可以将孢子甘蓝放入平底锅内煎香，味道也一样好。

4 烤箱200℃预热。

5 将孢子甘蓝、杏鲍菇、圣女果、大蒜放入烤盘，刷上一层橄榄油，撒上盐、黑胡椒碎。

6 然后入烤箱中层，200℃烤制25分钟，取出装盘即可。

**营养贴士**

孢子甘蓝富含叶酸和膳食纤维，非常适合孕妈妈食用，既可以预防胎宝宝神经管的缺陷，也可以预防孕晚期便秘。

孢子甘蓝要有点焦香味才好吃，搭配杏鲍菇一起烤味道会更好，烤过的孢子甘蓝外皮酥脆带焦香，有蔬菜的清香和杏鲍菇的鲜美，这个菜只要表面有点咸味就挺好。

萝卜这么煮很治愈

# 肉汁萝卜

⏳50分钟 | 🍲中等 | 🔥高

## 主料

白萝卜…350克
猪五花肉…300克

## 辅料

料酒…1汤匙
猪骨浓汤宝…半块
橄榄油…1汤匙
香菜…1根

↶ 低盐少糖
健康攻略⋯⋯⋯⋯⋯⋯

用浓汤宝作为汤底调料，可
以快速为汤增味提鲜，但是
不宜过量食用，也不宜与其
他调味品共同使用。

## 做法

1 香菜洗净，切碎，
备用。

2 白萝卜洗净，切滚刀
块，备用。

3 五花肉洗净，切成
肉丁，加入料酒腌制
5分钟。

🧂
**烹饪秘籍**
肉汁萝卜也可以用
牛肉汤汁、鸡肉汤
汁、红烧肉汁来
做，可以根据自己
的喜好进行烹制。

4 炒锅加热，倒入橄
榄油，加入五花肉翻炒
至八成熟，加入800毫
升的凉白开，倒入浓汤
宝，熬制成肉汤。

5 加入白萝卜，炖煮至
汤汁黏稠、萝卜酥烂时
关火。

6 最后将炖好的肉汁萝
卜装盘，撒上香菜点缀
即可。

**营养贴士**

白萝卜的营养价值很高，富含蛋白质、B族维生素、维生素C、钙、铁等营养
成分，常吃萝卜有助于增强食欲、化痰清热。

初春最便宜有效的"养生菜"非萝卜莫属，将萝卜放入锅中，用肉汁小火慢煨，用温暖的火力逼出萝卜的香，并吸取肉汁入味，味道鲜美而不腻。

鲜掉你的舌头

# 虾干茭白丝

⏳ 25分钟 ┊ 🍳 简单 ┊ 🔥 低

**主料**
虾干…30克
茭白…500克

**辅料**
大蒜…1瓣
葱白…20克
橄榄油…1汤匙
青椒…10克
盐…1克

↪ **低盐少糖**
**健康攻略**⋯⋯⋯⋯⋯

虾干自带咸鲜味，可以辅助调味。烹饪时加入虾干，只需少许盐就能让饭菜鲜香可口。

## 做法

1 提前将虾干用温水泡软，撕碎备用。

2 茭白去皮，清洗干净，切丝备用；大蒜洗净，切成薄片，备用；

3 葱白洗净，切段，备用；青椒洗净，切碎，备用。

**烹饪秘籍**

虾干泡软后撕碎，与茭白一起煸炒，可以使茭白更好地吸收虾干的鲜味。

4 炒锅加热，倒入橄榄油，放入葱白、蒜片爆香。

5 倒入茭白，翻炒均匀，接着倒入虾干翻炒几下，加入盐，倒入少许凉白开，盖上锅盖焖煮至茭白变色，关火。

6 最后将炒好的茭白盛出，撒上青椒碎点缀即可。

**营养贴士**

茭白富含膳食纤维、糖类、多种维生素及矿物质，营养价值很高，常食茭白可缓解四肢浮肿、小便不利等症状，夏季食用尤为适宜,有很好的消暑清热作用。

茭白肉质肥嫩、口感鲜嫩，脆爽的茭白丝牵手
咸香味美的虾干，成就了一盘鲜味十足的营养
小炒。

鲜咸的虾味浓浓不散

# 葱烧樱花虾佛手瓜

⏳15分钟 | 🍴简单 | 🌡低

**主料**

佛手瓜…350克

**辅料**

樱花虾…20克
细香葱…20克
小米椒…1个
蒜瓣…1瓣
盐…1克
橄榄油…2汤匙

**低盐少糖
健康攻略**

降盐不减味，烹饪时利用樱花虾调味增鲜，可以让菜品异常鲜美。

## 做法

1 佛手瓜洗净，去皮，剔去核，切成薄片，备用。

2 细香葱洗净，切段，备用。

3 蒜瓣洗净，切片，备用；小米椒洗净，切圈备用。

**烹饪秘籍**

樱花虾带有淡淡的咸味，加少许水滚一下，味道更容易析出。

4 炒锅加热，倒入橄榄油，放入香葱、蒜瓣爆香。

5 倒入佛手瓜，翻炒均匀，倒入樱花虾、盐，再翻炒几下，再加入少许凉白开，大火煮沸，转小火，焖煮3分钟关火。

6 最后将炒好的佛手瓜装盘，撒上小米椒点缀即可。

**营养贴士**

佛手瓜含有丰富的矿物质硒，能促进脑部发育、增强记忆力。小孩子平时可以多食佛手瓜，对智力发育大有好处。

既能做菜又能当水果的佛手瓜，口感清脆，加
入樱花虾提个鲜，拿点酱汁稍微一调，就是一
道可口的菜。

吃不腻的家常菜

# 金针菇炒蛋

⊠20分钟 | 🍳简单 | ♨低

**主料**

金针菇…200克
鸡蛋…150克

**辅料**

小米椒…1个
小葱…20克
料酒…少许
海盐…2克
橄榄油…2汤匙

**低盐少糖
健康攻略**........

菜在出锅时放盐，可以让盐附着在菜的表面，既吃得到咸味，又不会摄入过量的盐。

## 做法

1 金针菇去根，洗净，切成两段。

2 准备一个空碗，将鸡蛋打入碗中，加入一点料酒，打散备用。

3 小葱洗净，切成段，备用；小米椒洗净，切圈备用。

**烹饪秘籍**

鸡蛋加入料酒打散后再炒，不但可以去除腥味，还能使鸡蛋更加嫩滑，味道更加鲜美。

4 炒锅加热，倒入橄榄油，待油温八成热，倒入金针菇、小米椒，翻炒至金针菇断生，盛出备用。

5 另起一锅，炒锅加热，倒入橄榄油，待油温八成热，倒入鸡蛋，煎至蛋液凝固。

6 倒入处理好的金针菇，与鸡蛋一起翻炒，加入小葱，撒入海盐，搅拌均匀，关火盛出。

**营养贴士**

金针菇非常适合减肥人群长期食用，金针菇含有丰富的膳食纤维，可以加快肠道蠕动，通便排毒，起到减肥的作用。

家常菜也需要巧心思、妙搭配，金针菇配鸡蛋
便是强强联手，鲜味十足，炒好后只加盐，就
是一道再鲜不过的家常菜了。

菜肉兼备

# 圆白菜肉卷

⏳60分钟 | 🍳中等 | 🔥高

## 主料

猪肉末…250克
番茄…200克

## 辅料

圆白菜叶…10片　　胡椒粉…少许
番茄酱…20克　　　生姜泥…10克
香油…1汤匙　　　　欧芹碎…少许
橄榄油…2汤匙

低盐少糖
健康攻略

番茄酱咸香可口，烹饪时
用番茄酱作调料，可以不
加盐，但是注意不要使用
过量。

## 做法

1 圆白菜叶洗净，放入
沸水中焯熟，捞出过凉
水，沥干水分备用。

2 取空碗，倒入猪肉
末、香油、生姜泥、胡
椒粉，搅拌均匀。

3 取一片圆白菜叶，放
入适量的肉馅，卷起后
用牙签在侧面封好口，
将剩下的菜叶按照此方
法卷好备用。

4 番茄洗净，切碎，
备用。

5 炒锅加热，倒入橄
榄油，倒入番茄翻炒出
汁，加入番茄酱搅拌均
匀，加入700毫升凉白
开，大火煮沸，关火
备用。

6 另起一锅，炒锅加
热，倒入橄榄油，放入
卷好肉馅的圆白菜，小
火煎至表面金黄。

7 将煮好的番茄汁倒入
锅中，大火煮开后转小
火，煮35分钟左右，断
生后关火。

8 最后将煮好的圆白菜
肉卷盛出装盘，撒上欧
芹碎即可。

营养贴士

圆白菜含有丰富的维生素C、β-胡萝卜素、维生
素E，有着很好的抗氧化作用，能够延缓细胞老
化的速度，起到抗衰老的作用。

烹饪秘籍
圆白菜叶焯熟后放
入冰水中浸泡，可
以使圆白菜叶的色
泽保持不变。

想露一手，却又不知道做什么菜好，那就来一道圆白菜肉卷吧，这道菜完美实现了荤素搭配，一口下去，肉汁中浸润了满满的蔬菜香，能瞬间征服所有人的胃。

卷起来的好味道

# 鸡汁百叶包

⏳30分钟 | 🍳中等 | 🌶中

**主料**

猪肉末…200克

**辅料**

薄百叶…2张　　姜末…15克
小葱…40克　　浓汤宝（鸡汤味）…半块
鸡蛋…1个　　白胡椒粉…少许
香菇…4个

低盐少糖
健康攻略 ························

浓汤宝是复合调味料，它可以快速为汤汁增味，使用时建议多放水，多放食材，这样可以减淡它的咸味。

## 做法

1　香菇洗净，切碎，备用；小葱洗净，取两根切碎，剩余的备用。

2　取空碗，倒入肉末，打入鸡蛋，加入姜末、香菇碎、小葱碎、白胡椒粉、少许清水，充分搅拌均匀，备用。

3　将百叶洗净，切成10厘米左右的正方形，放入开水中浸泡一下，捞出，沥干水分。

**烹饪秘籍**

1　搅拌肉馅时加入少许清水，这样做出来的百叶包肉嫩多汁。

2　蒸百叶包时要加入足量的鸡汁，这样蒸出来的百叶包软嫩多汁，口感比较好。

4　取一片百叶，平铺案板上，在百叶中放入一勺肉馅，从一角卷起到末尾，两边往里折。将剩下的百叶按照此方法卷好备用。

5　剩余的小葱洗净，去掉葱白，用开水将葱绿烫软，绑住百叶包，固定好备用。

6　煮锅内加入500毫升的清水，大火煮沸，放入半块浓汤宝，搅拌均匀，化成鸡汤备用。

7　将准备好的百叶包码入盘中，盘中倒入适量鸡汤，放入蒸锅内，大火煮开后转中火，蒸20分钟左右关火，出锅即可。

**营养贴士**

猪肉含有丰富的蛋白质、脂肪和多种矿物质，常食猪肉有滋阴润燥、益气生津的食疗功效。

这道菜简单清口、荤素搭配，爱吃肉的朋友可以试做一下。用百叶包肉馅，浇上鸡汤蒸一下，一道菜就完成了。肉汁的鲜渗入到百叶中，口味层层递进，再挑剔的嘴也不会有抱怨。

软嫩多汁

# 肉糜丝瓜

⏳15分钟 | 👨‍🍳简单 | 🔥中

**主料**

丝瓜…200克
猪肉末…120克

**辅料**

小米椒…2个
胡萝卜…50克
大蒜…1瓣
生姜…1片
盐…2克
橄榄油…1汤匙

↶ 低盐少糖
健康攻略·····················

可利用控盐勺有意识地减少
盐的使用量。

## 做法

1 丝瓜去皮，洗净，切成条状。

2 将丝瓜放入沸水中焯熟，捞出，控水备用。

3 小米椒洗净，切成碎末；胡萝卜洗净，切成碎末。

**烹饪秘籍**
最好选择肥瘦相间的肉末，这样烹饪出来的肉糜丝瓜口味会更好。

4 大蒜洗净，切成碎末；生姜洗净，切成碎末。

5 炒锅加热，倒入橄榄油，加入小米椒、蒜末、姜末爆香。

6 倒入肉末，翻炒至八成熟，倒入胡萝卜碎和少许清水，翻炒至胡萝卜变色，加入盐，翻炒均匀，关火。

7 将准备好的丝瓜摆盘，在丝瓜上淋上翻炒好的肉末即可。

**营养贴士**

丝瓜在瓜类食物中属于营养较为丰富的一种，常食有润肠通便、增强免疫力的功效。

丝瓜清香软绵里带有嚼劲，配上肉末一起烹饪，滋味鲜美、软嫩多汁，多留点汤水，配碗白米饭，一顿饭就完成了，就是这么简单。

水中双鲜的聚会

# 虾仁鸡头米

⏳20分钟 | 🍲简单 | 🔥低

## 主料

速冻鲜虾仁…280克
新鲜鸡头米…180克

## 辅料

速冻豌豆粒…30克
红甜椒…20克
姜…2片
橄榄油…2汤匙
盐…2克

**低盐少糖
健康攻略**············

鸡头米、虾仁原本就鲜美，只需要极淡的调味就能非常美味。

## 做法

1 鸡头米洗净，放入沸水中焯熟，捞出沥干水分，备用。

2 红甜椒洗净，切丝，备用。

3 豌豆粒解冻，在沸水中焯熟，捞出沥干水分。

**烹饪秘籍**

1 虾仁在淡盐水中浸泡一会儿，可以减少腥味，使虾仁的口感更好。
2 鸡头米焯水至刚刚断生即可，煮得过熟会没有香气，吃起来口感会不好。

4 鲜虾仁解冻，洗净，在淡盐水中浸泡一会儿，沥干水分。

5 炒锅加热，倒入橄榄油，加入生姜爆香。

6 倒入虾仁，翻炒至虾肉卷起，加入处理好的鸡头米、豌豆粒继续翻炒两下，加入盐，翻炒均匀关火。

7 最后将炒好的虾仁鸡头米盛出，放上红甜椒丝点缀即可。

**营养贴士**

鸡头米营养成分非常丰富，是老少皆宜的滋补品，常食有清热泻火、养心安神的食疗功效。

中秋前后上市的鸡头米更新鲜，跟河虾仁很搭，清淡又营养。舀一勺入口，嚼出一嘴鲜美咸香，值得一试。

清水煮虾也有讲究

# 渔家水煮虾

⏳15分钟 | 👨‍🍳简单 | 🔥低

## 主料

鲜虾…350克

## 辅料

葱白…20克
姜片…2片
大蒜…1瓣
橄榄油…1汤匙
料酒…少许
青柠鱼露汁…40毫升 p.014

**低盐少糖健康攻略**

蘸自制酱汁的食用方法减少了对盐和糖的摄入量。

## 做法

1 鲜虾洗净，剪去虾须，用牙签从倒数第二节虾壳缝隙处剔除虾线。

2 葱白洗净，切段；大蒜洗净，切片。

3 炒锅内加入250毫升清水，依次放入葱段、姜片、大蒜、料酒、鲜虾、橄榄油。

**烹饪秘籍**

用来煮虾的水一定不要放多，在食材一半以上就好，这样煮出来的虾味道会更好，更入味。

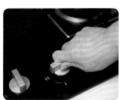

4 大火将水烧开，撇出泡沫，转中火煮3分钟，待虾肉变色后关火。

5 最后将煮熟的虾捞出装盘，搭配青柠鱼露汁一起食用即可。

**营养贴士**

虾含有丰富的维生素 A与B族维生素，有保护眼睛、消除疲劳的功效。另外，虾还含有牛磺酸，有降低胆固醇、保护心血管的功效。

一只只大海虾吃起来有滋有味，煮后的大虾爽滑弹牙，搭配自制的酱汁蘸食，吃起来还能迸出汁，只看一眼就要流口水了。

蒜香四溢

# 金银蒜蒸开背虾

⏳25分钟 | 🍳中等 | 🔥低

**主料**

鲜虾…250克
大蒜…1头

**辅料**

粉丝…1把（约50克）
葱花…10克
盐…2克
香醋…1汤匙
橄榄油…1汤匙

## 做法

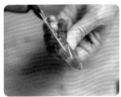

1 鲜虾洗净，剪去虾枪，剪开后背，剔除虾线，用刀身轻轻将虾从后背处拍平，备用。

2 粉丝泡发后清洗干净，铺在盘底。

3 将处理好的鲜虾铺在粉丝上面，摆盘。

**烹饪秘籍**

如果喜爱大蒜的口味，可以等虾蒸熟盛出后，再加入少许蒜末，淋上热油，可以使蒜的味道更浓烈。

4 大蒜洗净，切成蒜末。

5 炒锅加热，倒入橄榄油，倒入蒜末，小火炒至微黄，加入盐、香醋搅拌均匀，关火。

6 用小勺将炒好的蒜蓉均匀填在虾背上。

7 放入蒸锅内，大火烧开后蒸10分钟，关火取出。

8 最后撒上葱花点缀即可。

**营养贴士**

大蒜富含有机硫化合物，这种物质具有非常强的抗菌消炎的功效，可有效抑制和杀死引起肠胃疾病的细菌，清除肠胃里的有毒物质。

蒜和虾更登对，蒜能为虾去腥提鲜。蒸熟的虾敞开后背，铺满蒜蓉，叠加出诱人的香味，省去了剥壳、蘸料这些繁琐的过程。一口虾肉满足你的馋嘴巴。

虾味浓郁
# 荸荠鲜虾饼

⏳20分钟 | 🏠简单 | 🔥高

**主料**

鲜虾…250克
荸荠…85克
面包糠…150克

**辅料**

鸡蛋…2个
盐…2克
橄榄油…3汤匙
黑胡椒粉…15克

低盐少糖
健康攻略········

在虾饼中加入黑胡椒粉，利用它辛辣芳香的味道提升菜品的鲜味，减少了盐的用量。

## 做法

烹饪秘籍

煎的时候需要有耐心，用小火煎熟。

1　鸡蛋洗净，打入碗中，搅拌成蛋液，备用。

2　鲜虾洗净，去头、去尾，剥去虾皮，剔除虾线。

3　将准备好的鲜虾用料理机搅打成泥状，备用。

4　荸荠去皮、洗净，切成碎末。

5　准备一个空碗，将虾泥、荸荠、盐、黑胡椒粉一起搅拌均匀。

6　将搅拌均匀的虾肉按成多个小肉饼，先分别裹上一层蛋液，再裹上一层面包糠。

7　平底锅加热，倒入橄榄油，待油温三成热，放入准备好的虾饼，小火煎至金黄，关火装盘即可。

营养贴士

荸荠是"含钾大户"，常食荸荠有生津止渴、利尿通淋的功效。

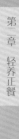 虾饼里加荸荠吃起来清脆又鲜美，还带有一丝荸荠的清甜之味，只看它黄灿灿的外表，就已经食欲大振，咬一口后再也停不下来呦。

夏季清补不戒荤

# 烤扇贝

⏳20分钟 | 🍳简单 | 🔥低

**主料**

扇贝…300克

**辅料**

蒜泥…50克
姜末…10克
葱花…10克
盐…2克
小米椒…2个
橄榄油…1汤匙

↻ 低盐少糖
健康攻略·····

多用大蒜少用盐，利用大蒜
的辛辣调味，可以丰富口
感，同时减少盐的使用量。

## 做法

1 将扇贝用刷子清洗干
净，用刀打开，去除里
面的泥沙及扇贝的沙囊。

2 小米椒洗净，切成
碎末。

3 炒锅加热，倒入橄榄
油，放入蒜泥、姜末、
葱花、小米椒、盐，炒
出香味后关火。

**烹饪秘籍**
鲜活的扇贝处理起
来比较麻烦，可以
直接购买处理好的
速冻扇贝代替。

4 将炒好的蒜泥分别涂
抹在扇贝上面。

5 烤箱预热180℃，将
准备好的扇贝均匀码在烤
盘上，入烤箱烤制8分钟。

6 将烤好的扇贝取出，
装盘，撒上葱花点缀
即可。

**营养贴士**

扇贝富含不饱和脂肪酸EPA、DHA等营养物质。EPA有清理血管、降低血脂
的功效，DHA是促进大脑发育必不可少的营养物质。常食扇贝有健脑益智、
预防血管硬化的食疗功效。

搭配大蒜烤出来的扇贝甚是鲜美，蒜香味完全进入扇贝肉里，肉质弹滑、鲜香可口，一口下去，回味无穷。

包不住的鲜
# 纸包龙利鱼

⧗ 25分钟 | 🍳 简单 | 🔥 低

**主料**
龙利鱼…200克
红黄彩椒…80克

**辅料**
洋葱…40克　料酒…10毫升
球茎茴香…50克　黑胡椒粉…少许
柠檬片…5片　橄榄油…少许
盐…2克

**低盐少糖
健康攻略**……………

采用原汁蒸、炖法可保持食物本身的鲜美，用带刺激性味道的柠檬、洋葱、黑胡椒粉辅助调味，可减少盐的用量。

## 做法

1 龙利鱼清洗干净，用厨房纸吸干水分，撒上黑胡椒粉与盐，腌制10分钟备用。

2 红黄彩椒洗净，沥干水分，切成细丝；洋葱洗净，切成细丝。

3 球茎茴香洗净，切成细丝。

**烹饪秘籍**

如果时间充裕，龙利鱼腌制的时间可以更久一些，这样会比较入味。

4 将准备好的红黄彩椒、洋葱、球茎茴香分别放入加了盐的沸水中，焯烫至断生。

5 将焯烫后的彩椒、洋葱、球茎茴香加入少许橄榄油与盐，搅拌均匀。

6 准备一张烘焙用纸，将搅拌好的彩椒、洋葱、球茎茴香放在纸中心，放上腌好的龙利鱼，淋上料酒，放上柠檬片，将烘焙用纸从两边向中间折叠包好。

7 最后将包好的龙利鱼放入蒸锅内，大火烧开，蒸10分钟关火，取出装盘即可。

**营养贴士**

龙利鱼的营养价值非常高，它高蛋白、低脂肪、富含维生素，还含有一种特殊的成分，可以抑制眼中的自由基，有保护视力的功效。

鱼被烘焙纸包裹，既锁住了鱼肉的鲜，又避免了传统做鱼方法带来的油烟焦煳味。当鱼肉充分与蔬菜、调料混合，味道极为鲜美，让人赞不绝口！

外酥里嫩，鲜香无比

# 嫩滑三文鱼

⏳25分钟 | 🍳中等 | 🔥低

## 主料

三文鱼…180克

## 辅料

黑胡椒粉…少许
干罗勒叶碎…4克
盐…2克
樱桃番茄…1个
牛油果…半个
橄榄油…1汤匙

## 低盐少糖健康攻略

利用三文鱼的鲜美唤起食欲；再加入黑胡椒粉、干罗勒叶碎这些香辛料提味，可以让味道更丰富。双管齐下，减少盐的用量。

## 做法

1 三文鱼洗净，用厨房纸吸干水分，撒上少许黑胡椒粉、盐、干罗勒叶碎，装入食品袋中，排空空气并封口。

2 保温杯中加入55℃~60℃的热水，放入密封好的三文鱼，加盖闷1.5小时。

3 樱桃番茄洗净，对半切开，备用；牛油果去皮、去核，切片，备用。

🧂
**烹饪秘籍**
三文鱼在用保温杯闷过之后非常鲜嫩，在煎的时候要注意动作轻柔，否则容易碎。

4 将闷好的三文鱼取出，用厨房用纸吸干水分。

5 平底锅加热，倒入橄榄油，放入三文鱼，煎至鱼皮表面变色，关火，盛出装盘。

6 最后将处理好的樱桃番茄与牛油果一起放入盘中点缀即可。

**营养贴士**

三文鱼富含一种叫虾青素的营养物质，这是一种很强的抗氧化剂，具有保护皮肤、美容养颜、淡化皱纹的食疗功效。

三文鱼生吃已经足够鲜美，而低温蒸熟后香煎的三文鱼，外酥里嫩、鲜香无比，味道更好。夹起一块放入口中，细嫩的肉质在口中融化，柔软到几乎不用咀嚼，特别适合没有什么胃口的炎热日子。

补脑，增强记忆力

# 清蒸带鱼

⧗35分钟 | 🍴简单 | 🔥低

**主料**

鲜带鱼…200克

**辅料**

葱白…20克
姜…6克
料酒…10克
橄榄油…1汤匙
盐…2克
小米椒…1个

**低盐少糖
健康攻略**

带鱼本身就很鲜美，加少许盐腌至入味，就不用再加其他含盐的调味品了。

## 做法

1 带鱼洗净，去掉内脏、切成8~10厘米的段，备用。

2 葱白洗净，切成细丝，备用；姜洗净，切成姜丝，备用。

3 准备一个空碗，将以上准备好的食材倒入碗中，加入料酒、橄榄油、盐腌制30分钟以上。

4 将腌制好的带鱼装盘，放入蒸锅中，大火煮沸，蒸15分钟。

5 小米椒洗净，切圈。

6 将蒸好的带鱼取出，撒上小米椒点缀即可。

**烹饪秘籍**

在挑选带鱼的时候，可以通过观察带鱼的颜色来判断带鱼是否新鲜。新鲜带鱼的肉质是白色的，肉质丰满且有弹性。如果带鱼的颜色发黄并且肉质比较松软，那就是不新鲜的带鱼。

**营养贴士**

带鱼的味道鲜美、营养丰富，富含镁元素，对心血管系统有很好的保护作用。常食带鱼还有养肝补血、润肤养发的功效。

带鱼吃起来方便又鲜美，鱼刺清晰、容易剔出，不管是成人还是小孩都无法抵挡它的诱惑。清蒸的带鱼保持了原汁原味，最不会辜负你的味蕾。

鲜嫩肥美
# 白葡萄酒蒸贻贝

⏳20分钟 | 🍳简单 | 🔥中

**主料**

贻贝…400克
白葡萄…150毫升

**辅料**

蒜…2瓣
洋葱…40克
胡萝卜…50克
西芹…40克
盐…2克
橄榄油…1汤匙
胡椒粉…少许

## 做法

1 提前将贻贝放入清水中浸泡一个晚上，用刀打开，将里面的内脏清洗干净。

2 大蒜洗净，切片；洋葱洗净，切成末。

3 胡萝卜洗净，切碎；西芹洗净，留少许的叶子备用，将茎切碎。

4 炒锅加热，倒入橄榄油，放入大蒜爆香。

5 倒入洋葱、胡萝卜、西芹，煸炒出水分。

6 倒入白葡萄酒、贻贝搅拌均匀，盖上锅盖，煮5分钟关火。

7 撒上盐、胡椒粉与贻贝搅拌均匀，盛出装盘，放上剩下的西芹叶点缀即可。

**营养贴士**

贻贝富含人体必需的氨基酸，经常食用可以增强免疫力、保护心脑血管，其还富含维生素$B_{12}$和维生素$B_2$，常食对贫血、喉炎、眼疾都有较好的预防作用。

喝不完的白葡萄酒怎么办？不如试一下蒸贻贝。新鲜的贻贝鲜美肥嫩，无论怎么做都能带来惊喜，加入葡萄酒共同烹煮，鲜嫩多汁，清爽宜人。

比起原汁原味的蒸蟹，葱姜焗蟹应该可以称为一道下饭菜。炒熟的蟹肉，汤汁埋在了肥美的蟹肉里，肉质弹嫩，吃下去满口鲜香，保证让你连手上沾上的肉汁都不放过。

蟹香盈溢
# 葱姜焗蟹

⧖20分钟 | 简单 | 中

**主料**
鲜冻蟹腿…500克

**辅料**
姜片…4片
蒜末…10克
香葱2根
橄榄油…2汤匙
料酒…1汤匙
盐…2克
白胡椒粉…少许

低盐少糖
健康攻略

利用葱、姜、蒜、白胡椒这些辛香料刺激味蕾，可以减少盐的用量。

## 做法

1 蟹腿解冻，洗净，折成两半。

2 香葱洗净，切成4段。

3 炒锅加热，倒入橄榄油，放入葱段、姜片、蒜末爆香。

4 加入蟹腿，倒入少许料酒，焖炒几下，倒入刚刚没过蟹腿的凉白开，炖煮至蟹腿变色，加入盐、白胡椒粉，搅拌均匀关火，盖上锅盖闷2分钟，盛出装盘即可。

**烹饪秘籍**
螃蟹焖煮的时间不宜过久，否则会使海鲜的鲜味流失，影响口感，一般待螃蟹变色就代表已经煮熟了。

**营养贴士**
蟹肉富含蛋白质及多种矿物质，常食对身体有很好的滋补作用，蟹肉还富含维生素D，维生素D可以促进钙的吸收，让骨骼更好地生长。

在家也能做的高档料理

# 茄汁香煎鳕鱼

⏱20分钟 | 简单 | 中

🧂 番茄、鳕鱼都属于自带鲜味的食材，它们的搭配很有默契，成品酸甜鲜美，令你满足感爆棚。

## 主料

鳕鱼…500克
番茄…200克

## 辅料

姜末…10克
蒜末…10克
蜂蜜…1汤匙
橄榄油…2汤匙
番茄酱…20克
盐…1克
胡椒粉…少许
料酒…少许

↪ 低盐少糖
健康攻略……………

利用少许番茄酱与蜂蜜制成的酱汁蘸食，让食物表面浓烈的酱汁刺激味蕾，减少盐的用量；用蜂蜜代替糖，减少糖的使用。

## 做法

1 鳕鱼块洗净，加入料酒、姜末、蒜末、盐、胡椒粉腌制半小时。

2 番茄洗净，用小刀在番茄顶部划十字刀，用开水淋烫一下，去皮后切碎。

3 炒锅加热，倒入橄榄油，倒入番茄煸炒至番茄出水，倒入番茄酱、蜂蜜，加入少许清水，继续翻炒至酱汁浓稠，关火盛出备用。

🧂 **烹饪秘籍**
鳕鱼的肉质比较鲜嫩，煎的时候注意要小火慢慢煎熟。

4 另起一锅，平底锅加热，倒入橄榄油，放入腌制好的鳕鱼块，煎至鳕鱼两面金黄，关火。

5 将煎好的鳕鱼块盛出装盘，淋上制作完成的番茄酱汁即可。

**营养贴士**

鳕鱼的肉质鲜嫩，富含优质蛋白质，还富含DHA等营养成分，可以帮助婴幼儿增强记忆力、提高智力，并且鳕鱼的鱼刺极少，非常适合婴幼儿食用。

鲜香浓郁，回味无穷

# 豆豉烧小黄鱼

⏳25分钟 | 🍳中等 | 🔥中

## 主料

小黄鱼…400克

## 辅料

豆豉…1汤匙
葱…20克
橄榄油…1汤匙
姜…10克
料酒…10毫升
蒜…1瓣

**低盐少糖
健康攻略**

利用豆豉代替盐调味，但是注意不要使用过量。

## 做法

1　小黄鱼洗净，在小黄鱼身上用刀划几道口，沥干水分，备用。

2　葱洗净，葱白切丝，葱绿切碎，备用；姜洗净，切丝，备用；大蒜剥皮，洗净，切片，备用。

3　炒锅加热，倒入橄榄油，油温烧至七成热，放入小黄鱼，两面煎至金黄。

**烹饪秘籍**

煎鱼时要有耐心，小火慢煎，因为黄鱼肉非常娇嫩，煎的时候不要急于翻面，定形后煎成金黄色再翻面，否则鱼肉容易破碎。

4　接着依次放入豆豉、葱丝、姜丝、蒜片、料酒、少许水，小火慢烧至入味，待鱼肉变色断生后关火。

5　最后将烧好的小黄鱼盛出摆盘，撒上少许的葱花点缀即可。

**营养贴士**

小黄鱼的营养成分非常丰富，有抗衰老、滋养补气的食补功效。小黄鱼还含有丰富的硒元素，可以清除体内的自由基，有延缓衰老的功效。

妙用豆豉，腌制加炖煮，一道宴客菜就完成了。豆豉里面自带的咸味就够了，再加上豆豉独特的香味，烧出来的小黄鱼就很香了。

好吃不腻

# 罗勒牛柳粒圆白菜

⏲25分钟 | 🍳简单 | 🌶中

## 主料
牛肉…150克
罗勒…35克
圆白菜…50克

## 辅料
红黄甜椒…50克
洋葱…30克
橄榄油…1汤匙
盐…2克

料酒…1汤匙
黑胡椒粉…少许
黑芝麻…少许

低盐少糖
健康攻略

加入甜椒、洋葱、罗勒，利用它们不同的味道来调节口味，从而减少对含盐含糖调味品的依赖。

## 做法

1 牛肉洗净，切成2厘米左右的肉粒，倒入料酒、黑胡椒粉，腌制10分钟。

2 红黄甜椒洗净，切成细丝；洋葱洗净，切成细丝。

3 罗勒去除老叶，清洗干净，沥干水分；圆白菜洗净，切成大块，沥干水分。

烹饪秘籍

这道菜最好选择用牛里脊肉制作，因为牛里脊肉嫩，烹饪出来的口感会更好。

4 炒锅加热，倒入橄榄油，倒入洋葱炒香。

5 倒入腌制好的牛肉粒，翻炒至九成熟，倒入罗勒翻炒两下，倒入圆白菜、红黄甜椒、盐，翻炒至牛肉断生关火。

6 将炒熟的牛肉盛出装盘，撒上黑芝麻点缀即可。

营养贴士

牛肉的蛋白质含量高，脂肪含量低，吃牛肉不但不会导致脂肪堆积，而且饱腹感还非常强，是减肥期间的理想食品。

何以解忧，唯有吃肉。牛肉粒比牛肉片更有嚼头，肉汁更多。加入黑胡椒粉、罗勒、圆白菜来平衡口感，能全方位满足你。

酸甜开胃

# 番茄牛尾

⏳90分钟 | 🍳简单 | 🔥高

**主料**

番茄…180克
牛尾…600克

**辅料**

葱段…20克
姜片…6片
料酒…1汤匙
黑胡椒粉…少许

番茄沙司…20克
橄榄油…1汤匙
盐…2克

**低盐少糖
健康攻略**

在汤中加入番茄沙司，利用番茄沙司调味，可以让汤中的食材吸收番茄酱的咸味，既减盐又不用糖。

## 做法

1 提前将牛尾洗净，在凉水中浸泡半小时。

2 锅中加入清水，放入牛尾，大火烧开，撇去血沫，捞出牛尾。

3 高压锅放入牛尾、葱段、姜片、料酒，倒入没过食材的清水，上汽后炖煮30分钟左右，待牛尾煮熟关火。

**烹饪秘籍**

1 将牛尾放入凉水中浸泡，可以去除牛尾中多余的血水。
2 牛尾在高压锅中已经炖熟，二次炖煮是为了让牛尾能更好地入味，更加软烂。

4 番茄洗净，用小刀在番茄顶部划十字刀，用开水淋烫一下，去皮后切碎。

5 炒锅加热，倒入橄榄油，倒入番茄，翻炒至软后加入番茄沙司，炒成糊状关火。

6 另起一锅，将高压锅内的牛尾捞出放入炒锅中；除去汤中的油沫、姜、蒜，将清汤倒入锅内，加入炒好的番茄酱。

7 大火煮开，转小火炖20分钟，待汤汁黏稠，撒上盐、黑胡椒粉，搅拌均匀，关火，盛出即可。

**营养贴士**

牛尾是牛身上活动较多的部位，其富含蛋白质和多种营养元素，常食有补中益气、滋养脾胃、强筋健骨的食疗功效。

锅里冒着鲜美的泡泡，只要慢慢炖够时间，就能让牛尾入味。咬一口，浓郁的香味充斥着整个口腔，没有人能抗拒这美味。

春季的养生菜

# 春笋气锅鸡

⏳240分钟 | 🍳简单 | 🌶中

**主料**

土鸡…400克
春笋…200克
虫草菇…80克

**辅料**

姜…10克
细香葱…3根
料酒…1汤匙
盐…2克

低盐少糖
健康攻略·············

选用几种鲜美的食材，利用清蒸、炖煮的方法把香气融入鸡中，口味更加鲜香，既减少了盐的用量，又不影响鸡肉的口感。

## 做法

1 土鸡洗净，切成小块，放入大碗中。

2 春笋去皮、洗净，切块，备用。

3 细香葱洗净，一半切段，放入碗中，另一半切成葱花，备用；姜洗净，切片，一半放入碗中，留一半备用。

4 在鸡块中加入料酒、一半姜片，搅拌均匀，腌制1小时。

5 虫草菇洗净，去除根，备用。

6 将腌制好的鸡块放入气锅内，上面码上春笋块、虫草菇、葱段、剩余姜片，撒上少许盐。

7 准备一口与气锅匹配的汤锅，倒入足量清水，将装满食材的气锅置于汤锅上，加盖，大火烧开，蒸2~4小时，待鸡肉软烂关火。

8 最后将蒸熟的鸡肉装盘，撒上葱花点缀即可。

🧂 **烹饪秘籍**

用气锅蒸鸡，气锅中不用加入水，而是利用蒸汽高温加热，逼出鸡肉中的油质和水分。

**营养贴士**

土鸡富含蛋白质，可以提高免疫力，有利于儿童的生长发育；春笋味道清淡鲜嫩，含有丰富的膳食纤维，常食有帮助消化、防止便秘的功效。

食笋方知春味，虽说竹笋一年四季都有，可春笋味道独绝。春笋、童子鸡、虫草菇、一点薄盐，一滴水不放，炖成清亮的鸡汤，多种鲜味融合在一起，鲜美醇香，口感丰富。

色彩丰富，汤汁怡人

# 番茄玉米丸子汤

⏳50分钟 | 👨‍🍳简单 | 🔥低

### 主料

番茄…250克
玉米粒…50克
猪肉末…400克

### 辅料

鸡蛋…1个
小葱…3根
姜片…2片
大蒜…2瓣

盐…2克
橄榄油…1汤匙
淀粉…少许

**低盐少糖
健康攻略**

番茄煮熟之后酸味会加重，利用番茄的酸味增加菜肴的味道，降低对咸味的需求。

## 做法

1 玉米粒洗净，备用。

2 小葱洗净，将葱打结，备用；大蒜洗净，切成薄片，备用。

3 准备一个空碗，加入肉末、鸡蛋、淀粉、盐、少许的凉白开，搅拌均匀备用。

**烹饪秘籍**

制作丸子的时候，在肉馅中加入鸡蛋，这样煮出来的丸子会非常鲜嫩可口。

4 番茄洗净，用小刀在番茄顶部划十字刀，用开水淋烫一下，去皮后切碎。

5 炒锅加热，倒入橄榄油，放入姜片和大蒜爆香，放入番茄，炒至番茄出汁。

6 接着在锅内加入1000毫升的清水，大火烧开，加入玉米粒，借助勺子将肉泥制成丸子状，倒入锅内。

7 加入葱结，转小火慢熬30分钟，待丸子全部浮出水面，关火盛出即可。

**营养贴士**

番茄含有苹果酸、枸橼酸、碳水化合物及维生素等丰富的营养物质，常食有养颜美容、消除疲劳、增进食欲的食疗功效。

提起番茄，令人瞬间胃口大开，与自制手工丸子、玉米熬成一锅汤，入口微酸，细品清甜，鲜红的汤头里满是酸爽的滋味。

味美轻盈无负担

# 炖蔬菜汤

⧖35分钟 | ☺简单 | ◔中

**主料**

红薯…400克
洋葱…40克
胡萝卜…50克
菠菜…150克

**辅料**

橄榄油…1汤匙
盐…2克
百里香碎…少许
黑胡椒粉…少许
孜然…少许

> 低盐少糖
> 健康攻略
>
> 提升香料的比例，让配菜来提升口感，能减少盐的用量。

## 做法

1 洋葱洗净，切小块，备用；红薯洗净，切大块备用。

2 胡萝卜洗净，切小块，备用；菠菜洗净，切成两段，备用。

3 炒锅加热，倒入橄榄油，倒入洋葱、胡萝卜翻炒3~5分钟。

**烹饪秘籍**

红薯不要切太小的块，不然煮到最后会化掉。

4 接着加入百香里碎、黑胡椒粉、孜然、红薯块，一起翻炒均匀。

5 待炒出香味后，加入800毫升的清水，大火烧开，转小火焖煮25分钟。

6 最后将菠菜倒入锅中，加入盐搅拌均匀，待菠菜变色，出锅即可。

**营养贴士**

红薯脂肪含量低，热量低，膳食纤维含量很高，有利于增加饱腹感，是很好的减肥食材之一。

谁说汤里有肉才鲜美，你试试这道蔬菜汤就知道了。红薯、胡萝卜、菠菜加水炖一炖，丰富的色彩，清甜的口感，所有的营养都在这碗汤中了。

枸杞叶与猪肝都是能保护眼睛的食材，搭配在一起熬成一锅汤，一道简单易做的"护眼"汤就能端上桌了。食材易买，味道清甜，非常适合经常用眼的人群食用。

## 明目保健汤
# 枸杞叶猪肝汤

⏳ 45分钟 | 🍳 简单 | 🔥 低

| 主料 | 辅料 |
|---|---|
| 枸杞叶…180克 | 姜…5克 |
| 猪肝…200克 | 枸杞子…10克 |
| | 料酒…1汤匙 |
| | 盐…2克 |
| | 淀粉…8克 |

### 低盐少糖
### 健康攻略
这道汤喝的就是原汁原味，因此要减少盐的用量，如果放入很多调料反而会破坏汤的味道。

## 做法

1 将猪肝洗净，提前在清水中浸泡30分钟左右。

2 将浸泡好的猪肝切成薄片，加入料酒、淀粉腌制10分钟。

3 枸杞叶洗净，备用；枸杞子洗净，备用。

4 煮锅内加入800毫升的清水，大火烧开，依次加入姜片、枸杞子、枸杞叶、猪肝，大火焖煮2~5分钟，加入盐，待猪肝变色煮熟后关火即可。

### 烹饪秘籍
1 挑选猪肝时要看猪肝的颜色，新鲜猪肝呈褐色或粉红色，表面光滑，闻着无异味。
2 猪肝切得薄一点，比较容易煮熟，而且吃起来会更加鲜嫩。

### 营养贴士
猪肝含丰富的铁质与维生素A，常食猪肝可改善贫血、保护眼睛，与枸杞叶搭配食用，有补血养肝的食疗功效。

第三章
轻食加餐

色彩超给力

# 越南春卷

⏳20分钟 | 🍲中等 | 🌶中

**主料**

越南春卷皮…4张
冷鲜虾仁…180克

**辅料**

紫甘蓝…80克
洋葱…40克
红绿甜椒…80克
生菜…50克
胡萝卜…120克
百香果酸辣酱…40克  p.016

p.016

低盐少糖
健康攻略

利用自制的低盐少糖酱料能减少盐和糖的使用量。

## 做法

1 虾仁解冻、洗净，放入沸水中炒熟，捞出，沥干水分备用。

2 紫甘蓝洗净，切成细丝；洋葱洗净，切成细丝。

3 胡萝卜洗净，切成细丝；红绿甜椒洗净，切成细丝。

烹饪秘籍

制作完成的越南春卷最好在2小时以内食用，否则春卷的皮会变得干硬，影响口感。

4 生菜洗净，切成细丝。

5 分别将越南春卷皮放入温水中浸泡五六秒，取出平铺桌面。

6 将准备好的蔬菜丝放入春卷皮中间，将春卷皮的一边卷起。

7 接着放上虾仁，将卷皮的两边折起，最后封口。将剩下的春卷皮按照此方法制作完成。

8 将制作完成的越南春卷摆盘，搭配百香果酸辣酱一起食用即可。

营养贴士

紫甘蓝含有丰富的花青素，有抗衰老的功效，紫甘蓝还富含硫元素，可以帮助改善皮肤问题，常食紫甘蓝对于维护皮肤健康十分有益。

越南春卷是一道治愈系美食，简单易做，颜值超高。薄薄的春卷皮上放上粉嫩鲜甜的虾仁，叠加散发清香的蔬菜丝，蘸上自制的酱汁，一口咬下，鲜香清爽的口感瞬间袭来。

墨西哥式的吃法，做法简单，清爽开胃又低热量。玉米片是相对健康的"薯片"，牛油果酱清凉爽口，加餐时来一份最合适不过了。

# 牛油果莎莎酱配玉米片

⏳10分钟 | 简单 | 中

| 主料 | 辅料 |
| --- | --- |
| 牛油果…180克 | 洋葱…40克 |
| 番茄…200克 | 香菜…20克 |
| | 橄榄油…1汤匙 |
| | 速食玉米片…6片 |
| | 黑胡椒粉…少许 |
| | 盐…2克 |
| | 柠檬…少许 |

## 低盐少糖 健康攻略

利用柠檬、番茄、洋葱、香菜、黑胡椒粉这些调味食材的酸辣辛香来丰富口感，盐、糖可二者选其一调味，减少用量。

## 做法

1 番茄洗净，用小刀在番茄顶部划十字刀，用开水淋烫一下，去皮后切碎。

2 洋葱洗净，切碎；香菜洗净，切碎。

3 牛油果切成两半，去皮、去核，切碎。

4 准备一个空碗，将以上全部食材装入碗中，倒入盐、黑胡椒粉、橄榄油、柠檬汁搅拌均匀。

5 最后将制作完成的牛油果莎莎酱搭配玉米片摆盘，一起食用即可。

## 烹饪秘籍

牛油果莎莎酱制作完成后放入冰箱中冷藏后再食用，这样味道可以充分渗入进去，口感会更好。

## 营养贴士

牛油果含有丰富的维生素与矿物质，经常食用有美容养颜、促进消化、预防便秘的功效。

省时省力，清爽无比
# 奇亚子芒果布丁

⏱10分钟 | 🍳简单 | 🔥高

**主料**
芒果⋯500克
椰奶⋯200毫升
原味无糖酸奶⋯100毫升

**辅料**
奇亚子⋯20克

🧂 奇亚子吸水后会膨胀，用酸奶与椰奶
搭配奇亚子，再用新鲜的芒果提味，
一杯清新稠密、微酸微甜的布丁就
完成了。

**低盐少糖**
**健康攻略**

用酸代替甜，减少糖的摄入。芒果与酸
奶酸甜可口，做法上不加糖，也能吃到
甜味。

## 做法

1　准备一个空碗，将椰
奶、酸奶、奇亚子一起
搅拌均匀，放入冰箱冷
藏2~5小时。

2　芒果洗净，去皮、切
块备用。

3　将芒果块留三分之
一，其余用料理机搅打
成果泥。

4　准备一个冷饮碗，将
冷藏后的奇亚子奶昔倒
入碗中。

5　在奶昔上淋一层芒
果泥，放上芒果块点缀
即可。

**烹饪秘籍**

这款甜点可以根据
自己的口味随意搭
配，酸奶、蜂蜜、
椰奶的用量没有固
定的比例，根据自
己的口味添加。

**营养贴士**

奇亚子是近年健康
界的新宠，其饱腹
感强，热量低，经
常被用作减脂期间
的优选食材。芒果
中的芒果苷有抗衰
老的功效，其还含
丰富的维生素与矿
物质，具有增强免
疫力的作用。

一次就能成功
# 自制酸奶

⏳6小时20分钟 ┃ 🍴简单 ┃ 🔥低

**主料**
全脂牛奶···400毫升
酸奶粉菌···0.5克

**辅料**
白糖···10克
草莓···20克
蓝莓···25克

低盐少糖
健康攻略
利用草莓、蓝莓自带的香甜辅助调味，这样在自制酸奶的时候可以减少白糖的用量。

## 做法

1 将装酸奶的玻璃容器清洗干净，放入沸水中煮1~5分，捞出沥干水分。

2 取一个干净的空碗，倒入牛奶，隔水加热至40℃，倒入白糖，搅拌至溶化，接着倒入酸奶菌粉，搅拌均匀。

3 将搅拌好的牛奶倒入消毒过的酸奶瓶中。

烹饪秘籍
装酸奶的容器在用之前要经过高温杀菌，防止杂菌污染。

4 将装好的酸奶放入酸奶机中发酵完成，取出备用。

5 草莓、蓝莓洗净备用。

6 最后将制作完成的酸奶倒入碗中，放入草莓、蓝莓即可。

**营养贴士**

酸奶含有丰富的乳酸菌，经常食用可以增强食欲、促进消化，与维生素丰富的水果搭配同食，可使营养更均衡。

大家对酸奶再熟悉不过，热量不高又能解馋。从未尝试过自己做酸奶的朋友会觉得，酸奶应该很难做吧？其实自制酸奶并没有想象中那么复杂，而且亲手做的酸奶更加低糖健康，也不失为一种生活乐趣。

墨西哥味道

# 牛肉塔可

⏳20分钟 | 👌简单 | 🔥中

## 主料

墨西哥U型玉米脆饼···3张
番茄···180克
牛肉···150克
红黄甜椒···80克

## 辅料

叶生菜···2片
洋葱···40克
小米椒···2个
牛油果蒜香酱···20克 p.014

橄榄油···1汤匙
盐···2克
料酒···1茶匙
黑胡椒粉···少许

**低盐少糖
健康攻略**

在塔可中加入自制的低盐少糖的牛油果蒜香酱，利用酱汁浓郁的蒜香味来丰富口味，减少盐和糖的用量。

## 做法

1 小米椒洗净，切圈备用。

2 牛肉洗净，切成1厘米左右厚的肉片，倒入料酒、小米椒、盐、黑胡椒粉腌制30分钟。

3 红黄甜椒洗净，切成细丝，备用；番茄洗净，切成薄片备用。

**烹饪秘籍**

如果时间充裕，牛肉可以多腌制一会儿，这样比较入味。

4 洋葱洗净，切成细丝备用；叶生菜洗净，备用。

5 炒锅加热，倒入橄榄油，放入腌制好的牛肉，小火煎熟。

6 取一张墨西哥饼皮，将处理好的叶生菜、番茄、红黄甜椒、洋葱、牛肉依次放入饼中。将剩下饼皮按照此方法制作完成。

7 最后在饼上分别涂抹上牛油果蒜香酱即可。

**营养贴士**

番茄含有丰富的营养元素，常食有美容养颜、增强抵抗力的功效，搭配牛肉，可以让营养更加全面，为我们提供更充足的能量。

塔可和牛肉堪称绝配，薄饼带着玉米的清香，夹入刚刚煎好的牛肉，酱汁浸润到薄饼的每个角落，各种蔬果互相辅助，为牛肉增香。要体会墨西哥味道，先从塔可开始。

浓浓的西班牙风情

# 西班牙冷汤配虾仁

⏲ 25分钟 | 🍴 简单 | 🔥 低

**主料**

冷鲜虾仁…60克
番茄…160克
黄瓜…40克

**辅料**

红甜椒…30克
洋葱…20克
柠檬…半个
奶酪粉…6克

🧂 低盐少糖
健康攻略·····················

用多种调味食材烹饪出丰富
的味道，也是减盐不减味的
好方法。

## 做法

1 虾仁解冻、洗净，放入沸水中汆烫熟，捞出备用。

2 黄瓜洗净，去皮，去除中间的心，切块，备用。

3 番茄洗净，用小刀在番茄顶部划十字刀，用开水淋烫一下，去皮后切碎。

🧂 烹饪秘籍

汤汁制作完成后，放入冰箱里面冷藏一会儿，口感更佳。

4 红甜椒洗净，切块，备用；洋葱洗净，切碎，备用。

5 将以上除去虾仁以外的食材，全部倒入料理机内。

6 柠檬洗净，对半切开，取半个柠檬，挤汁到料理机内。

7 将奶酪粉倒入料理机内，与其他食材一起搅打均匀。

8 最后将搅打好的汤汁倒入碗中，放入煮好的虾仁即可。

🥗 营养贴士

甜椒富含维生素与矿物质，能帮助我们补充营养，与蛋白质丰富的虾仁搭配一起食用，不仅可以丰富菜品的颜色，还可以使营养更均衡。

西班牙冷汤并没有名字那么冷，反而热情地将各种蔬果融合在一起，包裹着虾仁，保留独特的鲜，也掺杂了蔬果的原汁原味。优质蛋白质搭配维生素，成就了这份营养丰富的冷汤。

金黄酥脆

# 柠檬汁烤三文鱼骨

⏳45分钟 | 🍳中等 | 🔥中

**主料**
柠檬…半个
三文鱼骨…300克

**辅料**
叶生菜…2片
盐…2克
橄榄油…1汤匙
黑胡椒粉…少许

低盐少糖
健康攻略

烹饪海鲜时加入柠檬，用柠檬的酸来调味，酸味能让咸味更突出，从而减少盐的用量。

## 做法

1 烤箱预热200℃。

2 三文鱼骨洗净，用刀切段，用厨房纸吸干水分。

3 柠檬洗净，对半切开，取半个柠檬，用柠檬榨汁机榨取果汁。

烹饪秘籍

三文鱼在腌制的时候多少会析出一些水分，在烤的时候不需要再加入水。

4 准备一个空碗，放入三文鱼骨、橄榄油、盐、柠檬汁、黑胡椒粉搅拌均匀，腌制15~20分钟。

5 将腌制好的三文鱼骨放入烤盘中，用锡纸包起来，放入烤箱，烤15分钟。

6 叶生菜洗净，铺在盘底，将烤好的三文鱼骨装盘即可。

营养贴士

三文鱼骨富含不饱和脂肪酸，可以预防心血管疾病，还含有特殊的营养成分，可以消除眼部疲劳，起到保护眼睛的作用。

三文鱼浑身是宝，剩下的鱼骨可别浪费，烹炒煎炸，样样都是一顿美餐。烤制出来的鱼骨更是叫绝，加入柠檬汁，让鱼骨得到软化，香香脆脆，满嘴留香。

一口一个"虾扯蛋"
# 鲜虾鹌鹑蛋章鱼烧

⏳15分钟 | 🍳简单 | 🔥低

**主料**
鲜虾…150克
鹌鹑蛋…10个

**辅料**
盐…2克
料酒…1汤匙
苦菊叶…2片
橄榄油…少许

## 做法

1 鲜虾洗净，去头，去虾壳，剔除虾线。

2 将处理好的鲜虾放入碗中，加入料酒、盐腌制15分钟。

3 在章鱼小丸子模具上刷少量的橄榄油，放入腌制好的虾，留虾尾在模具外。

烹饪秘籍

煎鹌鹑蛋的时候，大个的鹌鹑蛋放一个，小的放两个，可以填满模具就行。

4 将鹌鹑蛋打入模具内，小火煎熟，关火。

5 苦菊叶洗净，铺在盘底，将煎熟的鲜虾鹌鹑蛋摆盘即可。

**营养贴士**

鹌鹑蛋含有丰富的营养元素，是很好的滋补食材，常食鹌鹑蛋可以补益气血、强身健脑、美容养颜。

圆圆的鹌鹑蛋煎一煎，像极了章鱼烧，鹌鹑蛋包裹着一整只虾，造型独特，做法简单又吸睛。一口下去，夹带着浓浓的蛋香，别有一番风味。

鸡蛋大变身
# 鸡蛋盏

⏱20分钟 | 🍳简单 | 🔥低

**主料**

鸡蛋···2个
三文鱼···80克
黄瓜···110克

**辅料**

盐···2克

## 做法

1 准备一个小碟，倒入少许盐，待用。

2 黄瓜清洗干净，去皮，切成黄瓜粒，备用。

3 三文鱼洗净，用厨房纸吸干水分，切成小粒。

4 鸡蛋洗净，放入煮锅中，煮熟捞出，过凉水，剥掉鸡蛋皮。

5 将鸡蛋切成两半，取出蛋黄，把蛋黄切碎。

6 准备一个空碗，放入处理好的黄瓜、三文鱼、鸡蛋黄一起搅拌均匀。

7 将搅拌好的食材放入蛋白中，搭配碟中的盐，食用时撒上盐粒即可。

**营养贴士**

黄瓜富含维生素E，有美容抗衰老的功效，还富含丙醇二酸，可抑制糖类物质转变为脂肪，起到减肥瘦身的作用。

鸡蛋盏是老人孩子心中的明星菜品，制作简单，营养丰富。黄瓜独特的清香遮掉了蛋黄的腥味，蛋黄为三文鱼裹上金黄的外衣，外形好看，最重要的是好吃。

这菜可当零食吃

# 手指蔬菜蘸奶酪酱

⏳25分钟 | 🍴简单 | 🔥低

## 主料

荷兰乳瓜…80克
青萝卜…80克
胡萝卜…80克
咸味奶酪块…180克

## 辅料

樱桃番茄…50克
蛋黄…2个
白醋…1汤匙
橄榄油…1汤匙

**低盐少糖
健康攻略**

利用奶酪代替盐调味，做法
上不加盐，奶酪的口感咸香
醇厚，增加了菜品的风味。

## 做法

1 荷兰乳瓜洗净，切成
6厘米左右的条状。

2 青萝卜洗净，去皮，
切成6厘米左右的条状。

3 胡萝卜洗净，切成
6厘米左右的条状。

**烹饪秘籍**

注意选择天然的
奶酪，天然奶酪
的营养成分更加
丰富，能更好地
被人体吸收。

4 樱桃番茄洗净，对半
切开。

5 将奶酪块、蛋黄、
白醋、橄榄油放入料理
机中，搅打成顺滑的泥
状，盛出装碗。

6 将处理过的蔬菜摆
盘，搭配做好的奶酪酱
一起食用即可。

**营养贴士**

奶酪与牛奶相比，无论哪种营养
成分都高于牛奶。奶酪是含钙最
高的奶制品，而且易被人体吸
收，是首选的补钙食品。

各种蔬菜条搭配奶酪酱，互不干扰，却又纠缠不清，不失时蔬原有的味道，回味中还有一种淡淡的咸味和浓浓的奶香。

西蓝花烤过后有一种松软的感觉，微微的苦味中带着一丝蔬菜的清香，再加入一点香酥的坚果，吃一口，小小的满足感油然而生。

玩转西蓝花

# 烤坚果西蓝花

⏳25分钟 ┊ 🍳简单 ┊ 🔥高

**主料**
西蓝花…400克
混合坚果…1包

**辅料**
红黄甜椒…40克
橄榄油…2汤匙
盐…1克
黑胡椒粉…少许

低盐少糖
健康攻略

利用坚果醇香酥脆的口感来增加菜品风味，从而减少盐的用量。

## 做法

1 烤箱提前预热230℃。

2 西蓝花洗净，切成小块。

3 红黄甜椒洗净，切成细丝。

4 将西蓝花放入烤盘内，放入红黄甜椒，刷一层橄榄油，撒上一层薄盐，烤15分钟取出。

5 在烤制好的食材上撒上混合坚果，装盘，撒上少许黑胡椒粉即可。

**烹饪秘籍**
西蓝花先在淡盐水中浸泡一会儿，这样可以更有效地去除西蓝花的残留物。

**营养贴士**
西蓝花素有"抗癌明星"的美称，其含有一种叫做"索弗拉芬"的物质，具有阻碍肿瘤形成的功效，对预防多种癌症起到了积极的作用。

尽享甜蜜的气息

# 蓝莓坚果麦片玛芬

⏱30分钟 | ⚙简单 | 🔥高

**主料**
蓝莓…100克
即食麦片…200克
香蕉…200克

**辅料**
鸡蛋…2个
白糖…10克
玉米油…1汤匙
牛奶…100毫升
即食坚果…少许

🧂 加入蓝莓与麦片，能恰到好处地平衡了玛芬的甜腻。咬一口下去，酸甜的蓝莓在口中爆开，能全方位满足味蕾的需要。

低盐少糖
健康攻略

利用水果自带的甜味代替糖辅助增甜，是最直接的减糖方法。

## 做法

**烹饪秘籍**
玛芬烘烤之后，一定要冷却后再脱模，否则容易碎。

1 蓝莓洗净，待用。

2 香蕉去皮，放入碗中，用勺背面碾压成香蕉泥。

3 鸡蛋打入碗中，倒入牛奶、白糖与香蕉泥一起充分搅拌均匀。

4 在混合好的牛奶中倒入麦片，轻轻搅拌均匀，让麦片吸收牛奶的水分，呈黏稠的状态即可。

**营养贴士**

简单快手的玛芬，做成小小的一个，健康还饱腹。蓝莓的营养丰富，味道也极好，其富含花青素与多种维生素，常食有保护眼睛、增强视力的作用。

5 准备一个玛芬模具，在模具底部刷一层玉米油。

6 将搅拌好的混合麦片装进模具中，上面放入少许坚果与蓝莓。

7 烤箱预热190℃，放入装有食材的模具，烤20分钟，烤至表面金黄即可。

8 烘烤之后凉凉取出，摆盘食用即可。

无添加，更放心

# 自制低盐鸡胸小香肠

⏱40分钟 | 🍳中 | 🌶高

## 主料

鸡肉…280克
虾仁…130克
鸡蛋…1个

## 辅料

黄瓜…40克
胡萝卜…40克
盐…少许
黑胡椒粉…少许
料酒…1汤匙
淀粉…少许
橄榄油…1汤匙

低盐少糖
健康攻略

可利用控盐勺，直接减少盐的用量。

## 做法

1 黄瓜洗净，去皮、切碎，备用；胡萝卜洗净，切碎，备用。

2 鸡肉洗净，切碎，备用；鲜虾洗净，切碎，备用。

3 鸡蛋洗净，打入碗中，充分搅拌均匀，备用。

烹饪秘籍

没有模具也可以放入盆中蒸熟，做好后切片，作为午餐肉，也是不错的选择。

4 将虾肉、鸡肉、料酒放入料理机中搅打均匀。

5 将搅打好的鲜虾鸡肉泥盛出，加入处理好的蛋液、黄瓜、胡萝卜，倒入少许淀粉、盐、黑胡椒粉一起搅拌均匀，装进裱花袋中。

6 香肠模具上刷一层橄榄油，用裱花袋挤出肉泥，填满模具。

7 将模具盖上盖子，放入蒸锅中，大火烧开后，蒸20分钟即可。

营养贴士

鸡肉是低脂肪、高蛋白的代表食材之一，是健身减脂人士的必选食物，且富含人体所需的多种营养成分，具有滋补养身、增强体质的食疗功效。

减脂不光只有白水鸡胸肉，还有自制花式鸡胸小香肠。干净卫生零添加，低卡低盐营养多。这款小香肠能解决你的各种减脂期的顾虑。

让人停不下嘴的小零食
# 烤杏鲍菇脆片

⏳25分钟 | 🍳简单 | 🔥低

**主料**
杏鲍菇…2个

**辅料**
橄榄油…1汤匙
盐…2克
黑胡椒粉…少许

## 做法

1　烤箱提前预热220℃。

2　杏鲍菇清洗干净，斜刀切成薄片。

3　在切好的杏鲍菇片上打大花刀。

烹饪秘籍

烤杏鲍菇一定要铺锡纸，因为杏鲍菇在烤的过程中会出水。

4　烤盘内铺上锡纸，将杏鲍菇放入烤盘，刷一层橄榄油，撒上盐与黑胡椒粉。

5　放入烤箱，烤15分钟左右，装盘即可。

营养贴士

杏鲍菇的味道鲜美，营养丰富，含有多糖成分，经常食用可以降低血糖，糖尿病患者适当食用杏鲍菇，对高血糖有防治的作用。

超市里琳琅满目的薯片和膨化食品，其含有的各种添加剂让人望而却步。杏鲍菇脆片满足你对零食的所有欲望，杏鲍菇切薄，适当调味，放入烤箱烤脆。鲜香的口味，嘎嘣脆，吃了还想吃。

花生毛豆这两样小食口味般配，营养丰富、配料少，吃到嘴里，口感清脆，回味时舌尖仍然留有花生和毛豆清香的味道，更是夏季餐馆的标配。

# 花生煮毛豆

⏱ 60分钟 | 🔘 简单 | 🔥 低

| 主料 | 辅料 |
| --- | --- |
| 带壳花生…300克 | 盐…5克 |
| 带壳毛豆…200克 | 花椒…5克 |
| | 香叶…2片 |

**低盐少糖
健康攻略**

减盐从养成清淡的口味做起，做法上少放盐，善用食材的原味，也能做出好味道。

## 做法

1 将花生在清水中浸泡，用刷子刷干净花生壳上面的泥土。

2 毛豆清洗干净，用剪刀剪去毛豆两边的角。

3 将准备好的花生、毛豆放入锅中，加入没过食材的水量，放入花椒、香叶、大火烧开，煮至毛豆变色，放入盐搅拌均匀，煮熟后关火。

4 将煮熟后的花生毛豆盛出，冷却后食用即可。

**烹饪秘籍**

煮毛豆时用剪刀剪去毛豆两边的角，可以使毛豆更加入味。

**营养贴士**

花生含有丰富的锌元素，非常适合老年人与儿童食用，可以帮助老年人延缓衰老，促进儿童大脑发育，增强记忆力。

香浓顺滑，入口难忘

# 芒果奶昔

⏳10分钟 | 🍳简单 | 🔥低

**主料**
芒果…200克
牛奶…100毫升

**辅料**
酸奶…50毫升
薄荷叶…2片

**低盐少糖
健康攻略**

芒果、牛奶、酸奶这三种食材的组合，拥
有酸甜交织的口感，比糖的味道更香甜，
所以不用再加糖。

🧂 芒果拥有自己独特的香甜滋味，用
来制作奶昔是再好不过了。浓厚的
口味、细腻的口感，喝一口，唇齿
留香。

## 做法

1 芒果洗净，去皮、去核，切
成小块，留三分之一备用，其余
的放入料理机内。

2 将牛奶、酸奶一起倒入料理
机内，与芒果一起搅打均匀。

3 把搅打好的芒果奶昔倒入杯
中，将剩余的芒果块放在上面。

4 最后将薄荷叶洗净，放在上
面点缀即可。

**烹饪秘籍**
用来制作奶昔的芒
果一定要选择熟透
的芒果，不然做出
来会很酸涩。

**营养贴士**
芒果富含膳食纤
维，可以促进肠道
蠕动，有预防便秘
的功效。其还含有
丰富的维生素A，
有保护视力和滋润
肌肤的作用。

颜值超高的杯装美味，在红白相间的杯面上，放上香脆的坚果和香甜的燕麦脆，搅动一下，你中有我，我中有你，互相成就，挑动着你舌头上的每一颗味蕾。

# 杯装酸奶燕麦脆

⏱15分钟 | 🍳简单 | 🔥中

| 主料 | 辅料 |
|------|------|
| 原味酸奶…200毫升 | 混合坚果…20克 |
| 红心火龙果…70克 | 即食燕麦脆…30克 |

**低盐少糖健康攻略**

利用酸奶酸甜的口感以及水果的香甜来调味，不用再加糖。

## 做法

1 红心火龙果洗净，去皮，切块，倒入料理机内。

2 取100毫升酸奶倒入料理机内，与火龙果一起搅打均匀。

**烹饪秘籍**

用来制作奶昔或是甜品的酸奶，最好选用浓稠度高的原味酸奶。

3 取一个空杯，在底层铺一层原味酸奶，一层火龙果酸奶，一层燕麦脆，这样循环至杯顶。

4 最后在杯顶撒上混合坚果即可。

**营养贴士**

火龙果含有的糖分以葡萄糖为主，非常容易被人体吸收和利用。它非常适合体力劳动者食用，在大量消耗体力后可以快速补充能量。

搭配出意外的惊喜
# 浅渍草莓

⏲15分钟 | 简单 | 低

**主料**
草莓…500克

**辅料**
柠檬…半个
辣椒粉…20克
胡椒粉…少许
白糖…5克
盐…1茶匙

🧂 酸甜的草莓加上辣椒，看似奇怪随意的搭配，却呈现出与众不同的和谐效果，搭配上柠檬汁来腌制，酸、甜、辣，几种口味完美融合，带给你不一样的感受。

**低盐少糖 健康攻略**

利用柠檬、辣椒、胡椒的酸、麻、辣刺激味觉，减少对糖的需求量。

## 做法

1 草莓洗净，用1茶匙盐搓干净表面，再冲洗净，切去草莓蒂。

2 柠檬洗净，切成两半，取半个用柠檬榨汁器取汁，备用。

**烹饪秘籍**

草莓用盐清洗，可以去除草莓上的残留物。

3 煮锅内加入开水，大火烧开，将草莓放入锅中滚烫一下。

4 准备一个空碗，放入余烫后的草莓，倒入柠檬汁、辣椒粉、胡椒粉、白糖，用保鲜膜封起来，放入冰箱里面腌渍2小时即可。

**营养贴士**

草莓好吃又营养，饭后吃草莓，既能补充营养又能促进消化，因为草莓含有大量果胶及膳食纤维，可促进胃肠蠕动。

清甜可口

# 清煮椰肉荸荠

⏱15分钟 | 🍴简单 | 🔥低

## 主料
荸荠…3个
新鲜椰子…1个

## 辅料
枸杞子…10克
椰片…少许
蜂蜜…少许

**低盐少糖健康攻略**

利用蜂蜜代替糖调味，减少糖的摄入量。

## 做法

1 荸荠洗净，去皮，切块备用；枸杞子洗净，备用。

2 椰子从蒂部锯开一口，取椰汁倒入碗中，备用。

3 将椰子切开，取出椰肉，切碎。

**烹饪秘籍**

挑选荸荠的时候，可以看荸荠表皮，一般呈淡紫红色或紫黑色。如果发现荸荠表皮色泽鲜嫩，或呈不正常的鲜红色，最好不要购买，因为可能是经过浸泡处理的。

4 将切碎的椰肉倒入料理机内，倒入椰汁与800毫升的凉白开，搅打均匀。

5 煮锅内倒入搅打好的椰汁，大火烧开，放入荸荠，中火煮10分钟，关火。

6 准备一个空碗，将煮好的荸荠椰汤装碗。

7 将荸荠椰汤凉凉到不烫手，倒入少许蜂蜜，搅拌均匀，放上枸杞子、椰片即可。

**营养贴士**

椰子全身是宝，从椰汁到椰肉，满满的全是营养，常食有强身健体、利尿消肿、美容养颜的功效。

椰香再加入荸荠特有的清甜，搭配蜂蜜的甜香，不用过多修饰，就是一款营养丰富、清甜可口的夏季解暑佳饮。

满满的胶原蛋白

# 牛奶银耳羹

⏳ 1个小时 | 🥄 简单 | 🔥 低

**主料**
干银耳…15克
鲜牛奶…250毫升

**辅料**
红枣…2颗

## 做法

1 银耳洗净，放入清水中泡发。

2 将泡发的银耳洗净、去杂质，放入电饭锅中。

3 红枣洗净，去除果核。

4 电饭锅中加入1升清水，选择煮粥模式。

5 当煮粥模式结束以后，再重新选择一遍煮粥模式。

6 将两次炖煮后的银耳羹凉凉，放入冰箱冷藏2小时。

7 在小碗中放入1/3碗银耳羹，倒入鲜牛奶、加入红枣即可。

**烹饪秘籍**

1 用电饭锅来炖银耳非常省事，只需要按两次按键，银耳就可以做到非常软糯的程度。
2 能使银耳羹变美味的方法，一是将银耳尽可能炖成软烂胶质状，二是将炖好的银耳羹冰镇，使其更为滑糯。
3 选择品质比较好的牛奶，口感比较浓香、稠厚。

**营养贴士**

牛奶有"白色血液"的美称，它含有非常丰富的营养元素，有美白养颜、镇静安神、补钙强身的食疗效果。

炖银耳冰镇后对牛奶吃，滑糯可口。冰凉的温度和奶香味就足矣了，不加糖也很美味。可以提前炖好，加餐时端出这碗无糖甜品。

萨巴厨房®

系列图书

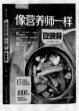

西餐轻松做

懒人厨房

烤箱料理

好吃懒做

烤箱轻食

懒人快手营养早餐

懒人下面条

花样烤箱料理
快捷 营养 美味

懒人健康菜

烤着吃才香

懒人快手做一餐

野餐便当

米饭最佳拍档

米饭爱小炒

烘焙节

好汤好菜

意面和比萨

不可一日无肉

客来欢

回家吃饭

一碗好酱
一桌好菜

蒸炖煮一本全

鱼 我所欲也

原汁原味
好吃蒸菜

清粥小菜

麻辣鲜香煲嘟川菜

花样主食

晚餐请吃七分饱

早午餐 Brunch

爱吃馅

在家吃火锅

面包里的100种早餐

果汁果酱

## 图书在版编目（CIP）数据

萨巴厨房. 低盐少糖，健康料理 / 萨巴蒂娜主编.
— 北京：中国轻工业出版社，2020.4
ISBN 978-7-5184-2893-9

Ⅰ . ①萨… Ⅱ . ①萨… Ⅲ . ①保健 — 食谱
Ⅳ . ① TS972.12 ② TS972.161

中国版本图书馆 CIP 数据核字（2020）第 023263 号


责任编辑：高惠京　　责任终审：劳国强　　整体设计：锋尚设计
策划编辑：龙志丹　　责任校对：李　靖　　责任监印：张京华

出版发行：中国轻工业出版社（北京东长安街6号，邮编：100740）
印　　刷：北京博海升彩色印刷有限公司
经　　销：各地新华书店
版　　次：2020年4月第1版第1次印刷
开　　本：710×1000　1/16　印张：12
字　　数：200千字
书　　号：ISBN 978-7-5184-2893-9　定价：49.80元
邮购电话：010-65241695
发行电话：010-85119835　传真：85113293
网　　址：http://www.chlip.com.cn
Email：club@chlip.com.cn
如发现图书残缺请与我社邮购联系调换
190478S1X101ZBW